DNA の半保存的複製の解明

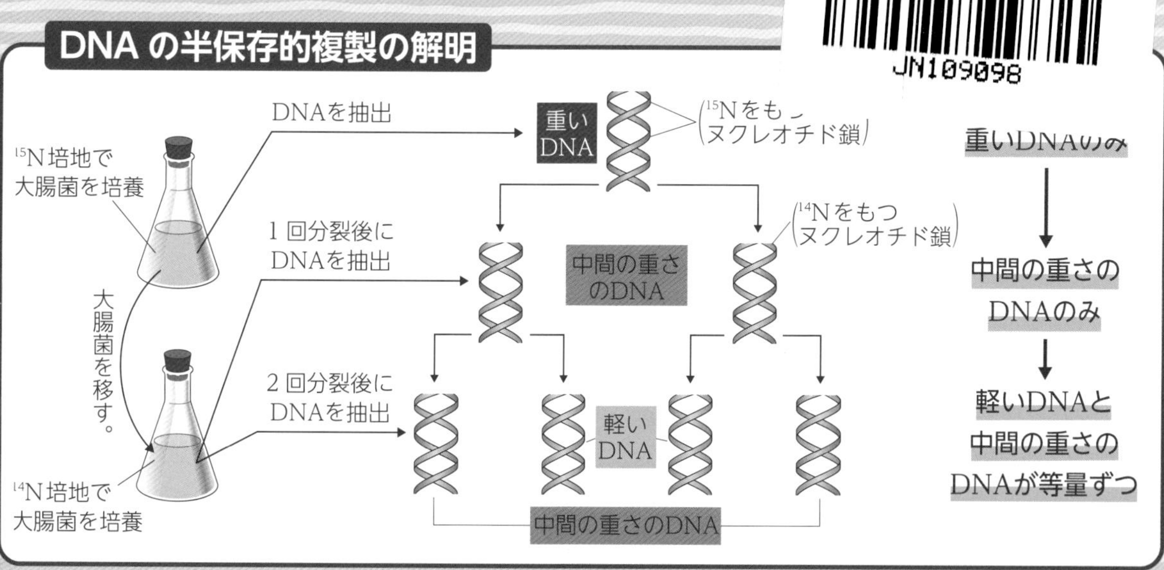

拒絶反応

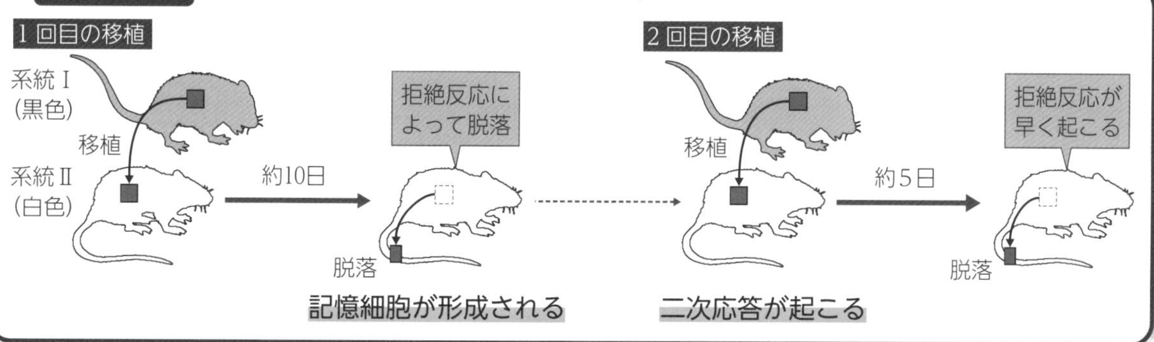

血糖濃度とインスリン濃度の変化

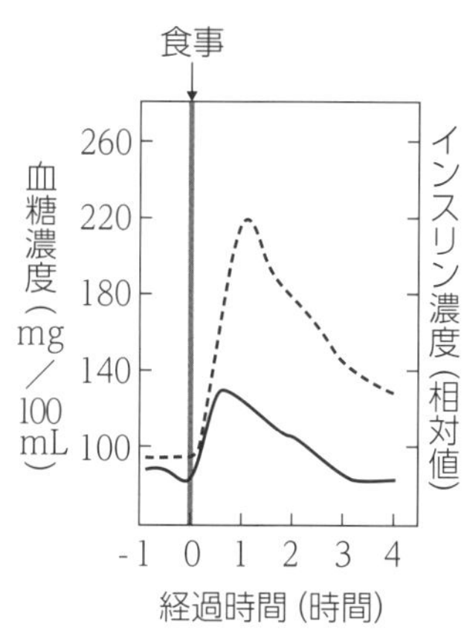

■健常者

食後すぐにインスリンが分泌され，血糖濃度が下がる。

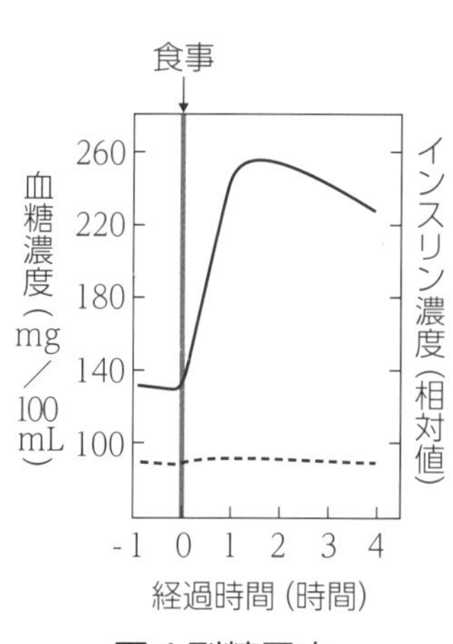

■ 1 型糖尿病

ランゲルハンス島B細胞が破壊され，インスリンが分泌されなくなる。

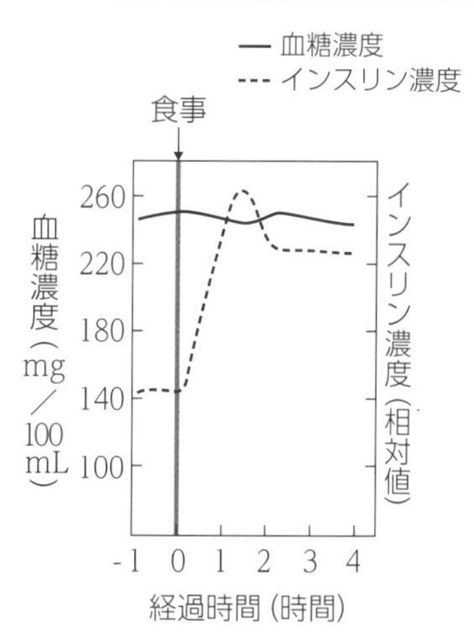

■ 2 型糖尿病

インスリンが分泌されても，血糖濃度が下がらない。

2 型糖尿病では，インスリンが分泌されなくなる場合もある。

目　次

出題大学一覧

国公立

私立

共通テスト

センター試験

■学習支援サイト プラスウェブ のご案内

以下のコンテンツをご用意しています。

- 本書に掲載の「基本例題」，「標準例題」の解説動画
- 大学入試問題の分析

スマートフォンやタブレット端末などから，右記の URL よりアクセスすることができます。

［注意］　コンテンツの利用に際しては，一般に，通信料が発生します。

https://dg-w.jp/b/db70001

本書の構成と利用法

本書は，高等学校「生物基礎」の学習書として，基礎知識を系統的に理解し，問題解決の技法を確実に習得できるよう，特に留意して編集してあります。さらに，本書に直接解答を書き込めるように解答欄を設け，取り組みやすさにもじゅうぶん配慮しました。本書を解き進めることで，授業で学習した内容を定着させ，学習効果を一層高めることができます。また，大学入学共通テストをはじめ，大学入試に備えて，基礎作りを行うための自習用整理書としても最適です。

本書の問題は，生物基礎の学習範囲内でまとめ，次のマークを付して扱いやすくしています。

知識 知識・技能を問う問題　　思考 思考力・判断力・表現力が養える問題
実験 観察 実験や観察を扱った問題　　やや難 やや難易度の高い問題
作図 図を描く問題が含まれる問題　　計算 計算問題が含まれる問題
論述 論述問題が含まれる問題

まとめ　「生物基礎」における重要事項を，図や表なども用いて空欄補充形式でまとめました。文章を読み進めながら空欄に記入していくことで，基本事項を整理しつつ重要なポイントを確実に身に着けることができます。

↓

プロセス　各章に関する重要用語を1問1答形式で確認するようにしています。これによって，重要事項がどの程度身についているかチェックできます。

基本例題　典型的な問題を示し，考え方・解き方などを説明してあります。これによって，いろいろな形式の問題について，解法をマスターできるようにしました。また，関連するまとめのページ，および基本問題とリンクさせています。これによって，つまずいたときのふり返りや，類題へのチャレンジが容易に行えます。

↓

基本問題　「生物基礎」教科書や各章の解説にある重要事項にもとづく良問で構成しています。これによって，基礎的な学力を養成できます。

標準例題　基本問題よりも高度な解決能力を要する入試問題を取り上げ，丁寧に解説しました。中心となる小問には，思考を補助するAssistを設けています。問題が難しく感じる場合，まずはこちらから取り組んでください。また，関連する標準問題とリンクさせています。

↓

標準問題　実際の入試問題から良問を選んで掲載しました。思考力を要する問題などを取り上げ，一段高い学力を養うことができるようにしました。

●巻末には，「**特集　大学入学共通テスト対策**」を設けています。

別冊解答編には，正解の他に，解法のポイントを丁寧に解説しています。また，重要な学習事項を，Checkとしてまとめたり，太字で示したりして確認しやすいようにしました。

本書に掲載している大学入試問題の解答・解説は弊社で作成したものであり，各大学から公表されたものではありません。

序章 顕微鏡の使い方

A 顕微鏡を用いた観察

(a) 顕微鏡の取り扱い

❶顕微鏡は，一方の手でアームをしっかり握り，他方の手を軽く鏡台にそえて持ち運び，(1　　　　　)で直射日光の当たらない(2　　　　　)場所に置く。

❷先に(3　　　　　)レンズを，次に(4　　　　　)レンズを取り付ける。観察するときの総合倍率は，2つのレンズの倍率の(5　　　　　)で表せる。

(b) 観察の手順

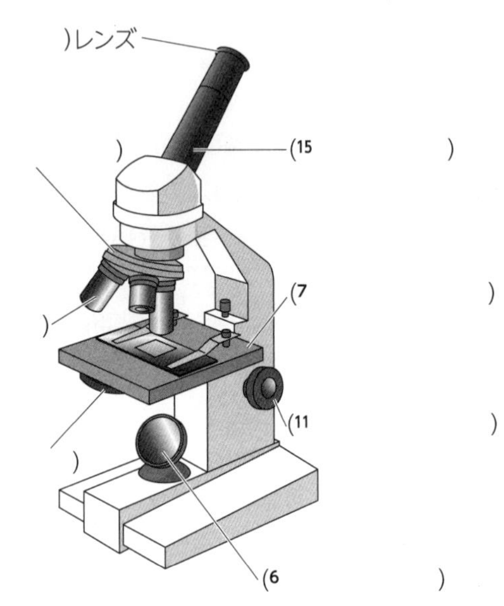

❶視野が明るくなるように，(6　　　　　)を調節する。低倍率で観察するときには，一般的に平面鏡を用いる。

❷試料が対物レンズの真下にくるように，(7　　　　　)の上に(8　　　　　)をセットする。

❸横からのぞきこみながら，対物レンズとプレパラートをなるべく(9　　　　　)る。

❹接眼レンズをのぞいて，対物レンズとプレパラートの間隔を(10　　　　　)ように，(11　　　　　)を動かしてピントを合わせる。

❺観察しやすい像を探し，視野の中央に移動させる。また，(12　　　　　)を操作して光量を調節する。視野が明るすぎる場合は，(12　　　　　)を(13　　　　　)。

❻必要に応じて(14　　　　　)を動かし，高倍率の対物レンズに替える。高倍率にすると，視野の範囲は狭くなり，明るさは暗くなる。

B ミクロメーターによる長さの測定

❶接眼レンズの中に(16　　　　　)ミクロメーターをセットする。

❷(17　　　　　)ミクロメーターをステージにのせて，この目盛りにピントを合わせる。

❸2つのミクロメーターの目盛りを平行に重ねる。両方の目盛りが合致するところを2か所探し，それぞれの目盛りの数を読み取る。

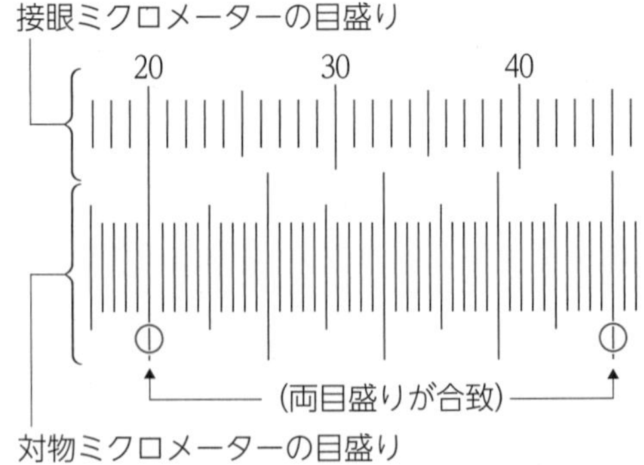

❹対物ミクロメーターの1目盛りの長さは，(18　　　)μmである。次の式により，接眼ミクロメーターの1目盛りの長さを計算する。

$$\text{接眼ミクロメーター1目盛りの長さ}(\mu m)=\frac{\text{対物ミクロメーターの目盛り数}\times(^{18}\quad)\mu m}{\text{接眼ミクロメーターの目盛り数}}$$

❺接眼ミクロメーターを用いて，細胞の大きさなどを測定する。

解答　1…水平　2…明るい　3…接眼　4…対物　5…積　6…反射鏡　7…ステージ　8…プレパラート　9…近づけ　10…広げる　11…調節ねじ　12…しぼり　13…絞る　14…レボルバー　15…鏡筒　16…接眼　17…対物　18…10

基本問題

知識

1. 顕微鏡観察の方法　次のⅠ～Ⅵの文を読み，下の各問いに答えよ。

Ⅰ　高倍率で観察する場合には，原則として反射鏡は(①平面鏡　②凹面鏡)を使用する。

Ⅱ　接眼レンズをのぞいてピントを合わせる場合，調節ねじをまわして対物レンズとステージを(③近づけながら　④遠ざけながら)合わせる。

Ⅲ　顕微鏡観察は，まず(⑤低倍率　⑥高倍率)で観察対象を探しだし，必要に応じて対物レンズを(⑦低倍率　⑧高倍率)に替えて観察する。

Ⅳ　対物レンズの円筒部の長さは，低倍率(×4)に比べて高倍率(×40)の方が(⑨短い　⑩長い)。

Ⅴ　焦点深度(ピントが合って見える深さ)は，低倍率に比べて高倍率の方が(⑪深い　⑫浅い)。

Ⅵ　高倍率で観察するときは，低倍率で観察するときより視野が(⑬明るく　⑭暗く)なるので，必要に応じてしぼりを(⑮開く　⑯絞る)とよい。

(1)　文中の(　　)内の2つの語のうち，正しい方を選び番号で答えよ。

Ⅰ　　Ⅱ　　Ⅲ　　Ⅳ　　Ⅴ　　Ⅵ

(2)　視野の右下に観察対象の細胞をみつけた。この細胞を視野の中央に移動させるには，プレパラートをどの方向に動かしたらよいか。

(3)　次のア～ウの文は，顕微鏡観察について述べたものである。下線部が正しければ○を，間違っていれば正しい語句を答えよ。

ア　10倍の接眼レンズと40倍の対物レンズを用いて観察を行った場合，倍率は<u>50倍</u>になる。

イ　接眼レンズと対物レンズを取り付けるとき，はじめに<u>対物レンズ</u>を取り付ける。

ウ　倍率を高くすると，観察できるプレパラートの範囲は<u>狭くなる</u>。

ア　　イ　　ウ

知識

2. プレパラートの作成方法

次のⅠ～Ⅳの文は，プレパラートの作成手順を説明したものである。下の各問いに答えよ。

Ⅰ　(　ア　)ガラスと(　イ　)ガラスを準備し，きれいなガーゼで汚れをよくふき取っておく。

Ⅱ　液が多すぎて(　ア　)ガラスが浮いた状態になったり，液がはみだしたりしたときは，ろ紙片を用いて余分な液を吸い取る。

Ⅲ　試料を(　イ　)ガラスの中央付近に置き，水または<u>染色液</u>を 1，2 滴加える。

Ⅳ　ピンセットや柄付き針を用いて気泡ができないように注意しながら，試料の上に(　ア　)ガラスをおろす。

(1)　文中の(　　)に最も適する語を答えよ。

ア＿＿＿＿＿＿＿　イ＿＿＿＿＿＿＿

(2)　Ⅰ～Ⅳを正しい手順になるように並べ替えよ。

＿＿＿＿＿＿＿＿

(3)　下線部について，次のウ～オを染色するのに最も適当な染色液を語群から選べ。

ウ　細胞壁　　エ　ミトコンドリア　　オ　核や染色体

〔語群〕 酢酸オルセイン溶液　　サフラニン　　ヤヌスグリーン

ウ＿＿＿＿＿＿＿　エ＿＿＿＿＿＿＿　オ＿＿＿＿＿＿＿

知識　計算

3. ミクロメーターの利用

ミクロメーターを利用すると，顕微鏡で細胞の長さを測定することができる。これに関する，次の各問いに答えよ。

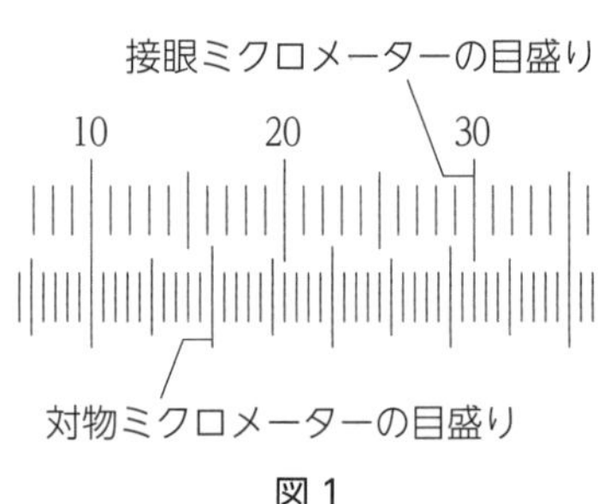

図 1

(1)　対物ミクロメーターには，1mm を 100 等分した目盛りが刻んである。対物ミクロメーター 1 目盛りは何 μm か。

＿＿＿＿＿＿＿ μm

(2)　顕微鏡にミクロメーターを取り付け，10 倍の対物レンズで観察したところ，図 1 のように見えた。このとき，接眼ミクロメーター 1 目盛りの長さは何 μm か。

＿＿＿＿＿＿＿ μm

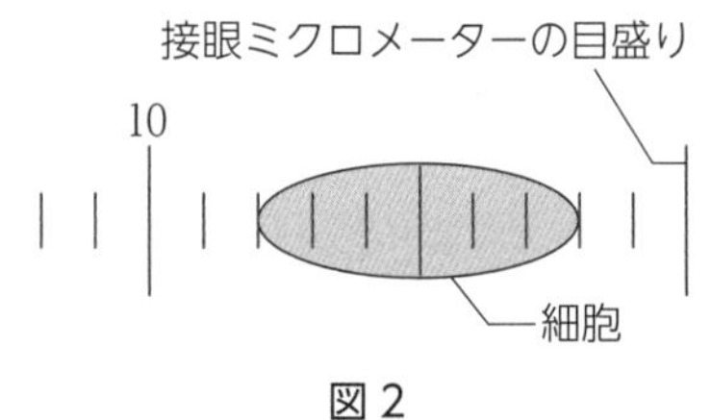

図 2

(3)　(2)と同じ倍率で細胞を観察したところ，図 2 のように見えた。この細胞の長径は何 μm か。

＿＿＿＿＿＿＿ μm

(4)　対物レンズの倍率を 40 倍に変えて別の細胞を観察したところ，図 3 のように見えた。この細胞の直径は何 μm か。

＿＿＿＿＿＿＿ μm

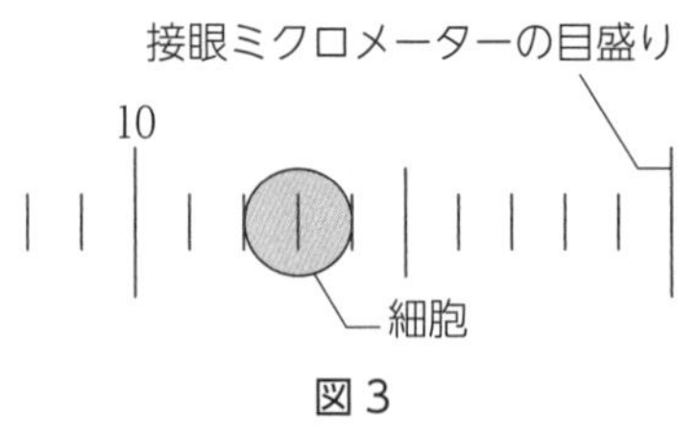

図 3

(5)　対物レンズの倍率を 10 倍から 40 倍に変えると，視野内で一度に見えるプレパラートの範囲の面積は何倍になるか。分数で答えよ。

＿＿＿＿＿＿＿ 倍

標準問題

思考 計算

4. 生物の多様性と顕微鏡観察　次の文章を読み，下の各問いに答えよ。

1930年代には，それまでの光の利用による観察に代わり，電子線を利用した電子顕微鏡が開発され，細胞の内部を詳細に観察することが可能になった。顕微鏡は，微小なものを視覚的に拡大し，肉眼で見える大きさまでにする装置であり，生物学の発展に大きく貢献してきた。図1は光学顕微鏡の模式図であるが，2種類のレンズがあり，一般には(　ア　)にゴミが入らないように，(　イ　)を付けてから(　ウ　)を付ける。低倍率の(　ウ　)をセットして(　イ　)をのぞきながら視野全体が明るくなるように反射鏡を調節する。試料が視野の中央にくるようにステージに載せて固定し，ピントを合わせる。見やすい状態になったら試料を動かして観察部分を中央にもってくる。さらには，レボルバーを回して観察しやすい倍率にしても良い。

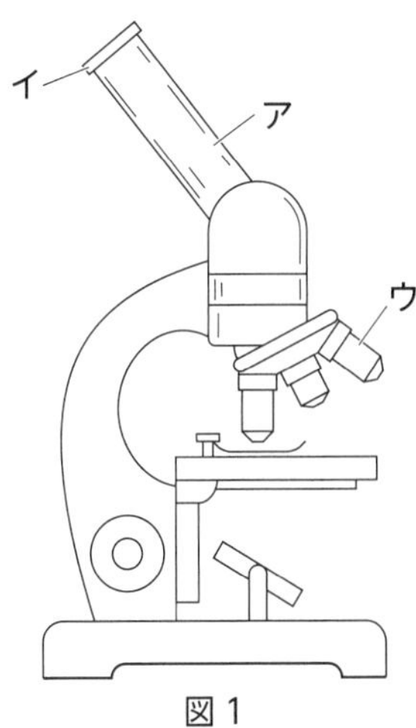

図1

(1)　文中の(　　)に入る適切な語を答えよ。

ア＿＿＿＿　イ＿＿＿＿　ウ＿＿＿＿

(2)　下線部について，電子顕微鏡を用いなければ観察ができないものを次の①～⑤のなかからすべて選び，番号で答えよ。

①　バクテリオファージ　　②　乳酸菌　　③　ミドリムシ
④　インフルエンザウイルス　　⑤　ブタの卵

＿＿＿＿

(3)　顕微鏡をのぞいたところ，視野全体が暗く観察しにくかった。光を取り入れた後に，適正な明るさの視野にするにはどの部分を調節したら良いか答えよ。

＿＿＿＿

(4)　接眼レンズに接眼ミクロメーターを設置し，40倍の対物レンズで対物ミクロメーターを観察し，図2を得た。同じ倍率で細胞を観察したところ，顆粒が移動しているのが観察でき，接眼ミクロメーター10目盛り分を5秒で移動していた。この顆粒の移動速度(µm/秒)を，図2を参考にして答えよ。ただし，対物ミクロメーターの1目盛りは10µmとする。

＿＿＿＿µm/秒

(5)　(4)でセットした対物レンズを20倍に変えた場合，接眼ミクロメーターの1目盛りは何µmを示すか，答えよ。

＿＿＿＿µm

――：対物ミクロメーターの目盛り
━━：接眼ミクロメーターの目盛り

図2

(20　宮城大　改題)

ヒント　(2)電子顕微鏡の分解能は0.2nmである。
(5)対物レンズを40倍から20倍に変えたので，総合倍率はもとの2分の1倍になっている。

第1章 生物の特徴

1 生物の共通性

A 生物の多様性と共通性

(a) **生物の多様性** 地球上には多種多様な生物が生息している。形態などの特徴が共通し，交配によって生殖可能な子を残すことができる生物群を(1　　　　)といい，現在名前のつけられているものだけでも約(2　　　　)種以上存在する。

(b) **生物の共通性** 生物は，以下のような共通する特徴をもつ。

❶からだが(3　　　　)からなる。
❷遺伝物質として(4　　　　)をもつ。
❸(5　　　　)を行い，同じ特徴をもつ個体をつくる。
❹(6　　　　)を利用する。
❺体内の状態を一定の範囲内に保とうとする性質をもつ。
❻長い年月をかけて(7　　　　)する。

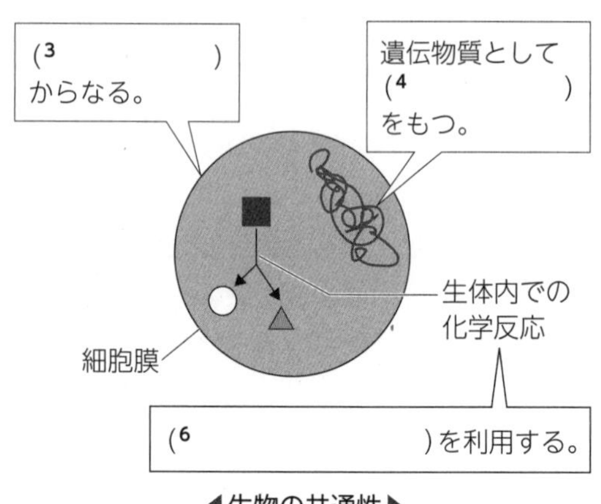

◀生物の共通性▶

B 生物の共通性の由来

(a) **生物の共通性の由来** 生物は，共通の祖先から進化してきたため，共通の特徴をもつ。

〔例〕脊椎動物

- (8　　　　)をもつようになった生物が，魚類，両生類，ハ虫類・鳥類，哺乳類の共通祖先となった。
- (9　　　　)をもつようになった生物が，両生類，ハ虫類・鳥類，哺乳類の共通祖先となった。
- 生涯を通じて(10　　　　)を行うようになった生物が，ハ虫類・鳥類，哺乳類の共通祖先となった。
- (11　　　　)の生物が，哺乳類の共通祖先となった。

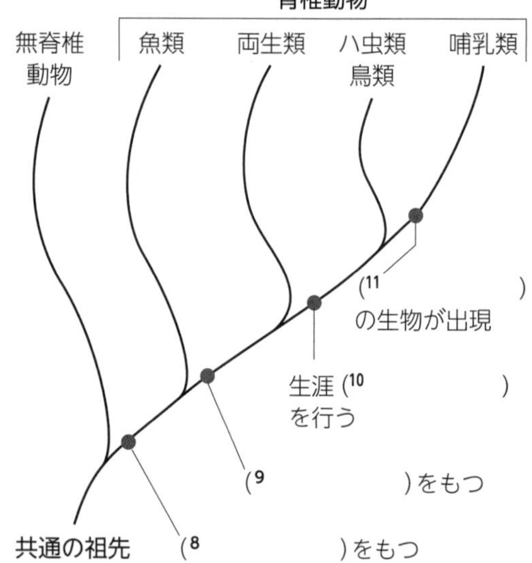

❶(12　　　　)…進化を通じて，生物のからだの形や働きが，生活する環境に適するようになること。
❷(13　　　　)…生物が進化してきた道筋。
❸(14　　　　)…(13　　　　)関係を樹形に表現した図。

(b) 細胞構造と生物の共通祖先

❶すべての細胞は(15)をもち，その最外層は(16)になっている。(15)は，水やタンパク質を含む(17)という液状の成分で満たされている。細胞の内部には，DNAを含む(18)が存在する。

- (19)…(20)をもたない細胞。染色体は細胞質基質に局在する。この細胞からなる生物を(21)という。
  〔例〕細菌(大腸菌，乳酸菌，ユレモ・ネンジュモなどのシアノバクテリア)
- (22)…核をもつ細胞。染色体は核の内部に存在する。核以外に，呼吸に関わる(23)や，光合成に関わる(24)などの(25)をもつ。この細胞からなる生物を(26)という。
  〔例〕動物，植物，菌類

❷真核細胞は原核細胞と共通の特徴をもつ一方，原核細胞にはない細胞小器官などをもつことから，真核生物は原核生物から進化したと考えられている。

❸細胞の研究史

- 細胞の発見…(27)は顕微鏡での観察によってコルクが多数の小部屋からなることを発見し，この小部屋を「cell(細胞)」と呼んだ(1665年)。
- (28)…「生物のからだは細胞からできている」という説。1838年に(29)が植物について，1839年に(30)が動物について提唱した。1855年には，「すべての細胞は細胞から生じる」という考え方を(31)が提唱した。

❹いろいろな細胞の大きさ…細胞によって大きさや形はさまざまである。

肉眼の分解能*…0.2mm　光学顕微鏡の分解能…0.2μm　電子顕微鏡の分解能…0.2nm

1m ＝ 10^{0}m　10^{-1}m　10^{-2}m　1mm ＝ 10^{-3}m　10^{-4}m　10^{-5}m　1μm ＝ 10^{-6}m　10^{-7}m　10^{-8}m　1nm ＝ 10^{-9}m　10^{-10}m

ヒトの座骨神経…約1m
ダチョウの卵(卵黄)…約75mm
ニワトリの卵(卵黄)…約30mm
アフリカツメガエルの卵…約2.5mm
ゾウリムシ…約200μm
ヒトの卵…約140μm
ミドリムシ…約80μm
ヒトの精子…約60μm
ヒトの赤血球…約8μm
大腸菌…約3μm
インフルエンザウイルス(ウイルスは細胞ではない)…約100nm
タンパク質分子

$1\mu m = \frac{1}{1000} mm$

$1nm = \frac{1}{1000} \mu m$

＊2点として区別できる2点間の最小距離

解答　1…種　2…190万　3…細胞　4…DNA　5…生殖　6…エネルギー　7…進化　8…脊椎　9…四肢　10…肺呼吸　11…胎生　12…適応　13…系統　14…系統樹　15…細胞質　16…細胞膜　17…細胞質基質　18…染色体　19…原核細胞　20…核　21…原核生物　22…真核細胞　23…ミトコンドリア　24…葉緑体　25…細胞小器官　26…真核生物　27…フック　28…細胞説　29…シュライデン　30…シュワン　31…フィルヒョー

❺原核細胞の構造と真核細胞の構造の比較

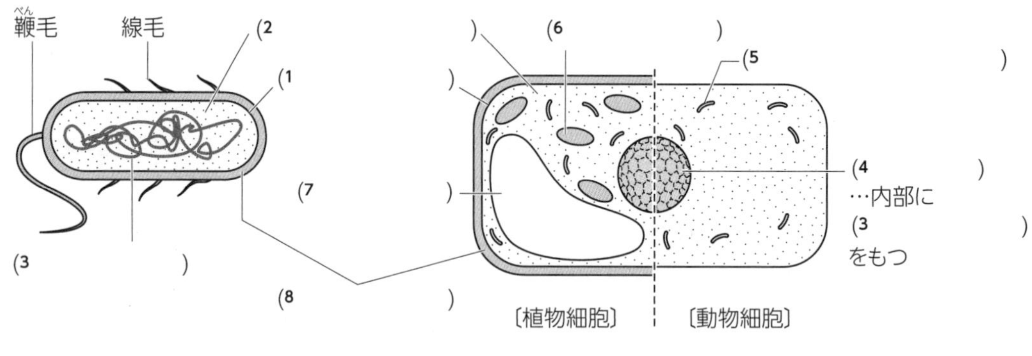

◀原核細胞の基本構造▶　　◀真核細胞の基本構造▶

<table>
<tr><th colspan="3" rowspan="2">構造と主な役割</th><th rowspan="2">原核細胞</th><th colspan="2">真核細胞</th></tr>
<tr><th>植物細胞</th><th>動物細胞</th></tr>
<tr><td colspan="2">(1)</td><td>厚さ 5 ～ 6nm 程度の膜で，細胞内外への物質の運搬を行う。</td><td>＋</td><td>＋</td><td>＋</td></tr>
<tr><td colspan="2">(2)</td><td>水やタンパク質，グルコースなどを含み，さまざまな化学反応の場となる。流動性があり原形質流動（細胞質流動）がみられる。</td><td>＋</td><td>＋</td><td>＋</td></tr>
<tr><td colspan="2">(3)</td><td>遺伝子の本体である DNA と，タンパク質からなる。</td><td>＋</td><td>＋</td><td>＋</td></tr>
<tr><td rowspan="4">(9)</td><td>(4)</td><td>細胞の働きを調整する。最外層は核膜になっている。</td><td>－</td><td>＋</td><td>＋</td></tr>
<tr><td>(5)</td><td>呼吸の場となる細胞小器官。幅 0.5μm 前後，長さ 1 ～ 10μm 程度で，粒状または糸状にみえる。</td><td>－</td><td>＋</td><td>＋</td></tr>
<tr><td>(6)</td><td>光合成の場となる細胞小器官。緑色の色素であるクロロフィルを含む。</td><td>－</td><td>＋</td><td>－</td></tr>
<tr><td>(7)</td><td>植物細胞で大きく発達し，物質の濃度調節と貯蔵を行う。内部は細胞液で満たされている。</td><td>－</td><td>＋</td><td>＋</td></tr>
<tr><td colspan="2">(8)</td><td>細胞の形の保持に働く外壁。植物細胞ではセルロースやペクチンが主成分となる。</td><td>＋</td><td>＋</td><td>－</td></tr>
</table>

※＋は「存在する」，－は「存在しない」を表す。

❷ 生物とエネルギー

Ⓐ 生物とエネルギー

(a) **生命活動とエネルギー** すべての生物はエネルギーを利用し，その体内では物質の合成や分解が常に起こっている。このような，生体内での化学反応全体をまとめて(10　　　　　)といい，次の２つに分けられる。

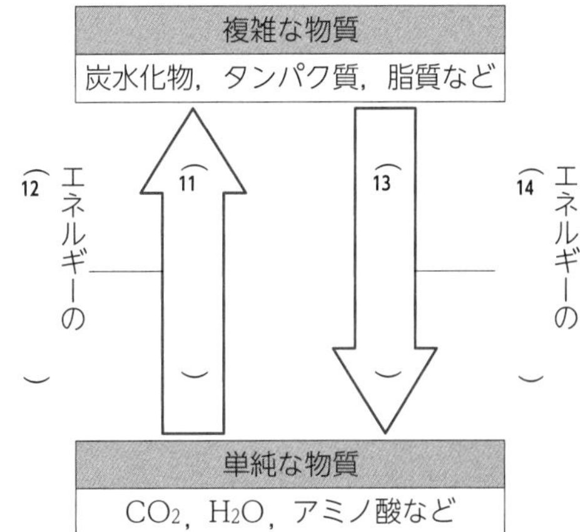

- (11　　　　　)…外界から取り入れた単純な物質から，からだを構成したり生命活動に用いたりする複雑な物質をつくる過程。エネルギーを(12　　　　　)して進む。
〔例〕光合成
- (13　　　　　)…生体内に存在する複雑な物質を，より単純な物質に分解する過程。エネルギーを(14　　　　　)して進む。〔例〕呼吸

❶(15　　　　　　　)…外界から取り入れた無機物から有機物を合成して生活する生物。〔例〕植物，光合成を行う細菌(シアノバクテリアなど)

❷(16　　　　　　　)…独立栄養生物が合成した有機物を，直接または間接的に取り入れて生活する生物。〔例〕動物，菌類，多くの細菌(大腸菌や乳酸菌など)

※独立栄養生物も従属栄養生物も，同化と異化の両方を行う。

Ⓑ 代謝と ATP

(a) **ATP** すべての生物の体内には，(17　　　　　　　　　)と呼ばれる物質が存在し，代謝に関与している。この物質は，(18　　　　　)(塩基の一種)と(19　　　　　)(糖の一種)が結合した(20　　　　　)に，3分子の(21　　　　　)が結合した構造をもつ。リン酸どうしの結合を，(22　　　　　　　　　)という。

(20　　　)　(21　　　)
(18　　)
(19　　)
(22　　)
◀(17　　　　)の構造▶

※塩基と糖とリン酸が結合した物質を(23　　　　　　　)という。

解答 1…細胞膜　2…細胞質基質　3…染色体　4…核　5…ミトコンドリア　6…葉緑体　7…液胞　8…細胞壁　9…細胞小器官　10…代謝　11…同化　12…吸収　13…異化　14…放出　15…独立栄養生物　16…従属栄養生物　17…ATP(アデノシン三リン酸)　18…アデニン　19…リボース　20…アデノシン　21…リン酸　22…高エネルギーリン酸結合　23…ヌクレオチド

(b) **ATPの働き**　ATPは，代謝でエネルギーが出入りする際の仲立ちとなる。このことから，ATPは，生体内でのエネルギーの(1　　　　　)とも呼ばれる。

❶(2　　　　　　　　　　)の末端のリン酸が切り離されると，リン酸と(3　　　　　　　　　　)が生じてエネルギーが放出され，さまざまな生命活動に用いられる。

❷有機物の分解や太陽光などによって供給されたエネルギーを吸収して，ADPとリン酸からATPが合成される。

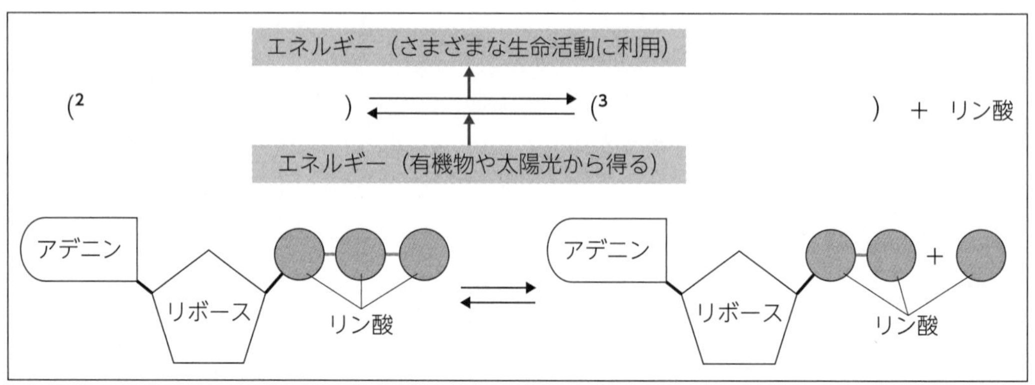

(c) **光合成と呼吸**

❶生物が二酸化炭素を吸収して有機物を合成する反応を(4　　　　　　　)と呼ぶ。このうち，光エネルギーを用いるものは(5　　　　　　)と呼ばれる。この過程では，(6　　　　　)で吸収された光エネルギーを用いて(7　　　　　　　　　)が合成される。これが分解されるときに放出されるエネルギーを用いて，(8　　　　)と(9　　　　　)から，(10　　　　　)がつくられる。

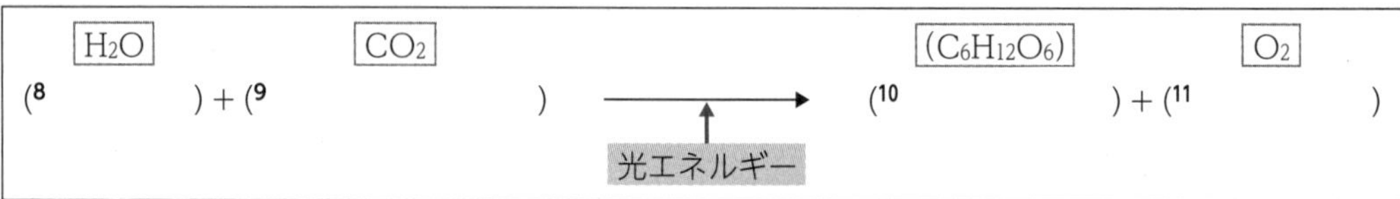

❷酸素を用いて(12　　　　　　　)などの有機物を分解し，放出されるエネルギーを利用して(13　　　　　　　　　)を合成する反応を(14　　　　　)といい，(15　　　　　　　)がその場となる。

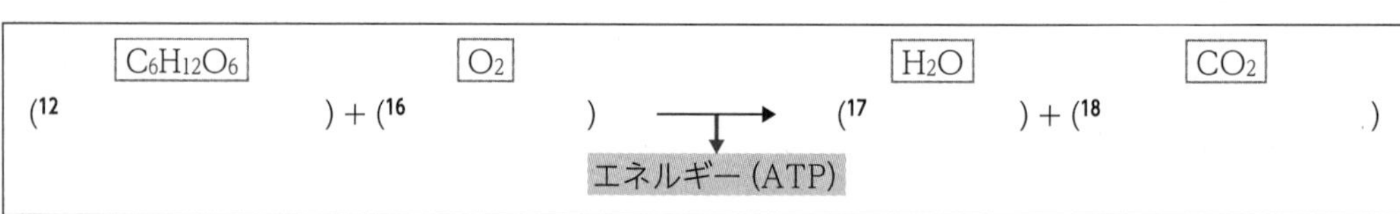

発展　**細胞内共生**　ミトコンドリアと葉緑体は，それぞれ呼吸を行う原核生物とシアノバクテリアが原始的な真核細胞内に共生して生じたと考えられている。このように，ある細胞に別の生物の細胞が共生する現象は，細胞内共生と呼ばれる。

C 代謝と酵素

(a) 触媒としての酵素

❶ ([19])…化学反応を促進する物質で，それ自体は反応の前後で変化しない。〔例〕酸化マンガン(Ⅳ)

❷ ([20])…触媒として働き，生体内で起こる化学反応を促進する。主成分は([21])である。〔例〕カタラーゼ

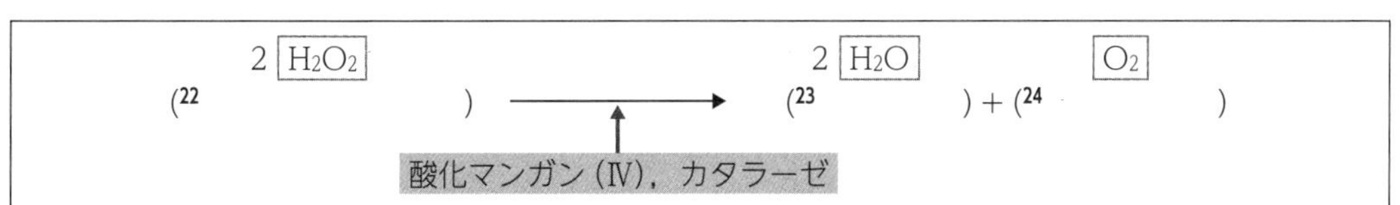

(b) 酵素の特徴

酵素の作用を受ける物質を([25])といい，反応の結果，生成物となる。

❶ ([26])…特定の物質にのみ作用する酵素の性質。

❷くり返し作用…酵素自体は，基質に作用しても反応の前後で([27])しない。したがって，くり返し基質へ作用し続けることができる。

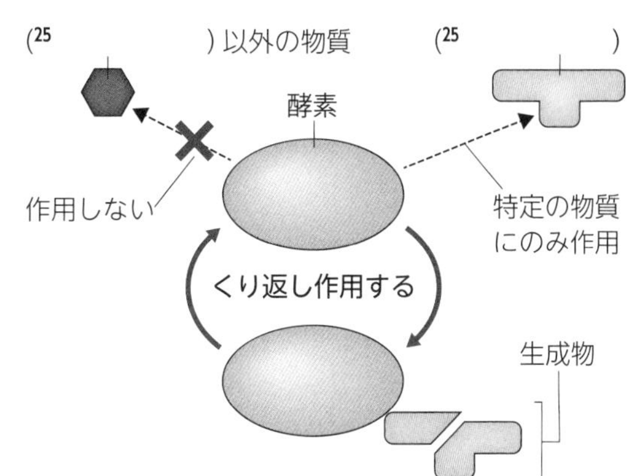

(c) 代謝における酵素の働き

❶代謝は，ふつう，複数の反応が組み合わさり，それらが連続して進行する。酵素には基質特異性があるため，ある物質には特定の酵素が作用し，その結果生じた生成物にはそれを基質とする別の酵素が作用する。このような一連の反応により，複雑な過程であっても円滑に進行する。

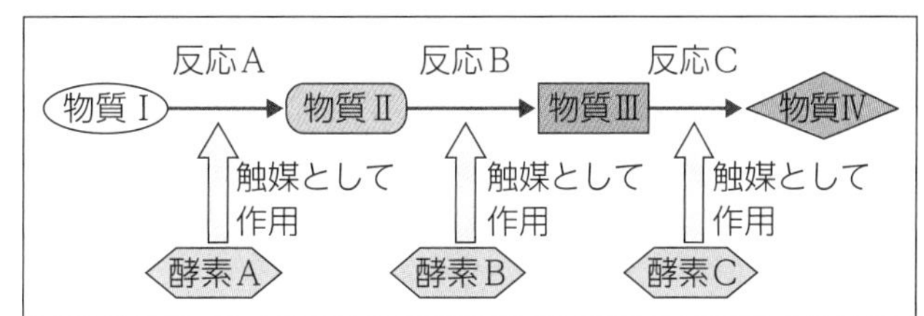

❷多くの酵素は細胞内の特定の場所に存在し，そこで起こる特有の反応の触媒として働く。

- ミトコンドリアには，([28])に関わる酵素が多数存在する。
- 葉緑体には，([29])に関わる酵素が多数存在する。
- アミラーゼなどのように，細胞外で働く([30])酵素などもある。

解答　**1**…通貨　**2**…ATP(アデノシン三リン酸)　**3**…ADP(アデノシン二リン酸)　**4**…炭酸同化　**5**…光合成　**6**…葉緑体　**7**…ATP(アデノシン三リン酸)　**8**…水　**9**…二酸化炭素　**10**…有機物　**11**…酸素　**12**…グルコース　**13**…ATP(アデノシン三リン酸)　**14**…呼吸　**15**…ミトコンドリア　**16**…酸素　**17**…水　**18**…二酸化炭素　**19**…触媒　**20**…酵素　**21**…タンパク質　**22**…過酸化水素　**23**…水　**24**…酸素　**25**…基質　**26**…基質特異性　**27**…変化　**28**…呼吸　**29**…光合成　**30**…消化

Process

1. 形態などの特徴が共通し，交配によって生殖可能な子を残すことができる生物群を何というか。 1. ＿＿＿＿

2. すべての生物に共通する，からだの基本単位は何か。 2. ＿＿＿＿

3. 進化を通じて，生物のからだの形や働きが生活する環境に適するようになることを何というか。 3. ＿＿＿＿

4. 生物が進化してきた道筋を何というか。 4. ＿＿＿＿

5. 系統関係を，樹形に表現した図を何というか。 5. ＿＿＿＿

6. 遺伝子の本体は，何という物質からできているか。 6. ＿＿＿＿

7. 核の中にあり，DNA を含む構造は何か。 7. ＿＿＿＿

8. 核をもたない細胞を何というか。 8. ＿＿＿＿

9. 核をもつ細胞を何というか。 9. ＿＿＿＿

10. 大腸菌，酵母，イシクラゲのうち，真核生物はどれか。 10. ＿＿＿＿

11. 細胞質の最外層にあり，細胞内外への物質の運搬を行う構造は何か。 11. ＿＿＿＿

12. 細胞質のうち，すべての細胞に共通して存在し，化学反応の場となる液状の成分を何というか。 12. ＿＿＿＿

13. 真核細胞の内部にみられ，特定の働きをもつ構造体を総称して何というか。 13. ＿＿＿＿

14. 呼吸の場となる細胞小器官は何か。 14. ＿＿＿＿

15. 光合成の場となる細胞小器官は何か。 15. ＿＿＿＿

16. 「生物のからだは細胞からできている」という考え方を何というか。 16. ＿＿＿＿

17. 生体内で起こる化学反応全体をまとめて何というか。 17. ＿＿＿＿

解答　1. 種　2. 細胞　3. 適応　4. 系統　5. 系統樹　6. DNA　7. 染色体　8. 原核細胞　9. 真核細胞　10. 酵母　11. 細胞膜　12. 細胞質基質　13. 細胞小器官　14. ミトコンドリア　15. 葉緑体　16. 細胞説　17. 代謝

18. 代謝のうち，単純な物質から複雑な物質を合成し，エネルギーの吸収を伴う過程を何というか。 18. ________

19. 代謝のうち，複雑な物質をより単純な物質に分解し，エネルギーの放出を伴う過程を何というか。 19. ________

20. 外界から取り入れた無機物から有機物を合成して生活する生物を何というか。 20. ________

21. 独立栄養生物が合成した有機物を直接または間接的に体内に取り入れて生活する生物を何というか。 21. ________

22. 代謝に伴うエネルギーの出入りの仲立ちとなり，エネルギーの通貨とも呼ばれる物質は何か。 22. ________

23. ATP内の，リン酸どうしの結合を何というか。 23. ________

24. ATPがADPとリン酸に分解されるとき，エネルギーは放出されるか，吸収されるか。 24. ________

25. 生物が，二酸化炭素を吸収して有機物を合成する反応を何というか。 25. ________

26. 光エネルギーを用いる炭酸同化を何というか。 26. ________

27. 酸素を用いて有機物を分解し，放出されるエネルギーでATPを合成する反応を何というか。 27. ________

28. 化学反応を促進し，それ自体は反応の前後で変化しない物質を何というか。 28. ________

29. 生体内で働き，タンパク質を主成分とする触媒を何というか。 29. ________

30. 酵素の作用を受ける物質を何というか。 30. ________

31. 特定の物質にのみ作用する，酵素の性質を何というか。 31. ________

解答 18. 同化　19. 異化　20. 独立栄養生物　21. 従属栄養生物　22. ATP(アデノシン三リン酸)　23. 高エネルギーリン酸結合　24. 放出される　25. 炭酸同化　26. 光合成　27. 呼吸　28. 触媒　29. 酵素　30. 基質　31. 基質特異性

↓解説動画

基本例題 1　原核細胞と真核細胞

➡ まとめ(p.7, 8)
問題 6, 9

右の表は，原核細胞と真核細胞の構造をまとめたものである。下の各問いに答えよ。

	原核細胞	真核細胞
核	ア	イ
染色体	ウ	エ
ミトコンドリア	オ	カ
葉緑体	キ	ク
細胞質基質	ケ	コ

(1) 各細胞について，表中の細胞構造が存在する場合には○を，存在しない場合には×を，存在するものとしないものがある場合は△を，それぞれ答えよ。

ア　イ　ウ　エ　オ　カ　キ　ク　ケ　コ

(2) 次の①～⑥のなかから原核生物をすべて選び，番号で答えよ。

① 酵母　② 大腸菌　③ ミドリムシ
④ 乳酸菌　⑤ イシクラゲ　⑥ オオカナダモ

解説 (1) 原核細胞は，細胞質の最外層に細胞膜をもつが，核やミトコンドリアはもたない。DNA を含む染色体は，細胞質基質に局在している。
(2) 原核細胞からなる生物を，原核生物という。代表的なものに，細菌(シアノバクテリアも含む)がある。なお，酵母は単細胞の真核生物である。

解答 (1)ア…×　イ…○　ウ…○　エ…○　オ…×　カ…○　キ…×　ク…△　ケ…○　コ…○　(2)②，④，⑤

↓解説動画

基本例題 2　真核細胞の構造と働き

➡ まとめ(p.8)
問題 8

右の図は植物細胞の模式図である。図中のア～カの名称を答えよ。また，それぞれの働きとして最も適当なものを，次の①～⑥のなかから選べ。

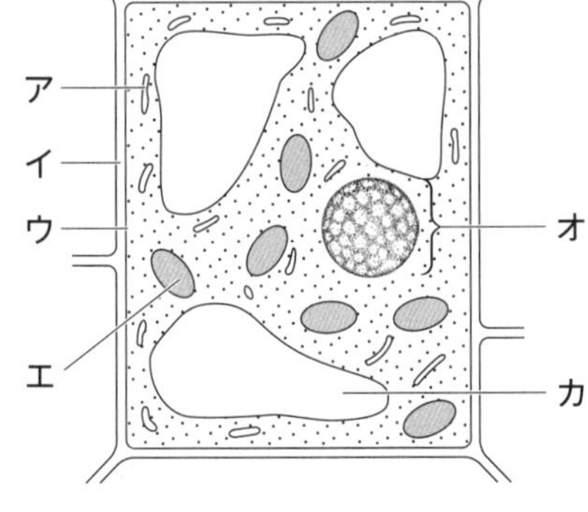

① 光合成の場となる。
② 物質の濃度調節と貯蔵を行う。
③ 細胞内外への物質の運搬を行う。
④ 呼吸の場となる。
⑤ 細胞を強固にし，形を維持する。
⑥ 染色体を含み，細胞の働きを調節する。

ア　イ　ウ

エ　オ　カ

解説 ふつう，ミトコンドリアは粒状または糸状で，長さが 1 ～ 10µm である。葉緑体は凸レンズ状で，直径が 5 ～ 10µm である。このように葉緑体のほうがやや大きい。また，液胞の内部には無機塩類・炭水化物・アミノ酸などが貯蔵され，細胞質基質の物質の濃度調節を行う。

解答 ア…ミトコンドリア，④　イ…細胞壁，⑤　ウ…細胞膜，③　エ…葉緑体，①　オ…核，⑥　カ…液胞，②

↓解説動画

基本例題 3　代謝と ATP

➡ まとめ(p.9) 問題 11,12

代謝に関する次のⅠ～Ⅴの文について，下の各問いに答えよ。

Ⅰ　呼吸では，酸素を用いて有機物を分解し，水や二酸化炭素を生じる。

Ⅱ　光合成では，水や二酸化炭素から有機物を合成する。

Ⅲ　反応全体では，エネルギーを吸収する反応である。

Ⅳ　反応全体では，エネルギーを放出する反応である。

Ⅴ　ATP や ADP が関係する。

(1)　Ⅰ～Ⅴから，同化・異化に関係するものをそれぞれすべて選べ。

同化＿＿＿＿＿＿＿＿　異化＿＿＿＿＿＿＿＿

(2)　右の図は，ATP の構造を模式的に示したものである。ア～ウの物質名と，エの結合名を答えよ。

ウ
アデニン
ア　ア　ア
リボース
エ
イ

ア＿＿＿＿＿＿＿＿　イ＿＿＿＿＿＿＿＿

ウ＿＿＿＿＿＿＿＿　エ＿＿＿＿＿＿＿＿

(3)　外界から取り入れた無機物から有機物を合成して生活する生物を何というか。＿＿＿＿＿＿＿＿

解説　(1) 複雑な物質をより単純な物質に分解するのが異化で，エネルギーの放出を伴う。呼吸では，有機物の分解で放出されたエネルギーで ATP を生産する。

解答　(1) 同化…Ⅱ，Ⅲ，Ⅴ　異化…Ⅰ，Ⅳ，Ⅴ　(2) ア…リン酸　イ…アデノシン　ウ…ADP(アデノシン二リン酸)　エ…高エネルギーリン酸結合　(3) 独立栄養生物

↓解説動画

基本例題 4　酵素

➡ まとめ(p.11) 問題 16,17

次の反応式は，過酸化水素が分解される反応を表したものである。下の各問いに答えよ。

$$2H_2O_2 \rightarrow 2H_2O + O_2$$

(1)　生体内に存在し，この反応を触媒する酵素名を答えよ。＿＿＿＿＿＿＿＿

(2)　酵素について述べた次の文Ⅰ～Ⅳのなかから，正しい文をすべて選べ。

Ⅰ　酵素の主成分は，炭水化物である。

Ⅱ　酵素は，基質に作用し，反応の結果として生成物を生じる。

Ⅲ　酵素は，特定の物質にのみ作用する基質特異性をもつ。

Ⅳ　酵素は，反応を触媒することによって少しずつ減少する。＿＿＿＿＿＿＿＿

解説　(1)過酸化水素は，無機物の酸化マンガン(Ⅳ)や，多くの生物がもっているカタラーゼによって分解される。　(2)酵素の主成分はタンパク質である。また，酵素は，反応の前後で変化しないので，くり返し基質に作用する。

解答　(1) カタラーゼ　(2) Ⅱ，Ⅲ

基本問題

知識

5. 生物の共通性 生物の共通性に関する，次の各問いに答えよ。

(1) 現在，地球上には，名前がつけられている種がおよそどれくらい存在するか。最も適当な数値を，次の①～④のなかから選び番号で答えよ。

① 1.9万　② 19万　③ 190万　④ 1900万

(2) 次のⅠ～Ⅵの文は，すべての生物に共通する特徴について述べたものである。下線部が正しければ○を，間違っていれば正しい語を答えよ。

Ⅰ <u>細胞小器官</u>が，からだの基本単位となっている。

Ⅱ 遺伝物質として<u>タンパク質</u>をもつ。

Ⅲ 生命活動は，<u>ATP</u>を仲立ちとしてエネルギーを利用して行われる。

Ⅳ <u>生殖</u>を行い，同じ特徴をもつ個体をつくる。

Ⅴ 外部環境が変化しても，体内の状態を一定に保つ性質を<u>もつ</u>。

Ⅵ 長い年月をかけて<u>退化</u>する。

Ⅰ　Ⅱ　Ⅲ

Ⅳ　Ⅴ　Ⅵ

(3) 次の文中の(　)に適する語を答えよ。

生物は共通の祖先をもち，環境に(　ア　)しながら進化してきた。その道筋を(　イ　)といい，(　イ　)関係を樹形に表現した図を(　ウ　)という。

ア　イ　ウ

知識　実験 観察

6. 原核細胞と真核細胞の観察 芝地で採取してきたイシクラゲと池から採取してきたオオカナダモのプレパラートをつくり，それぞれの細胞を顕微鏡で観察し，スケッチを得た。下の各問いに答えよ。

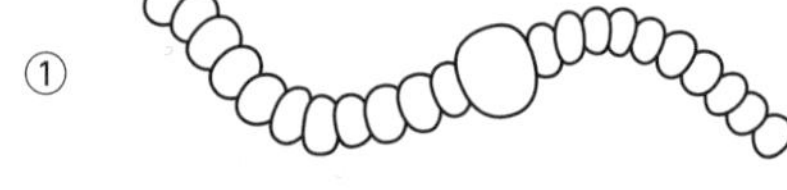

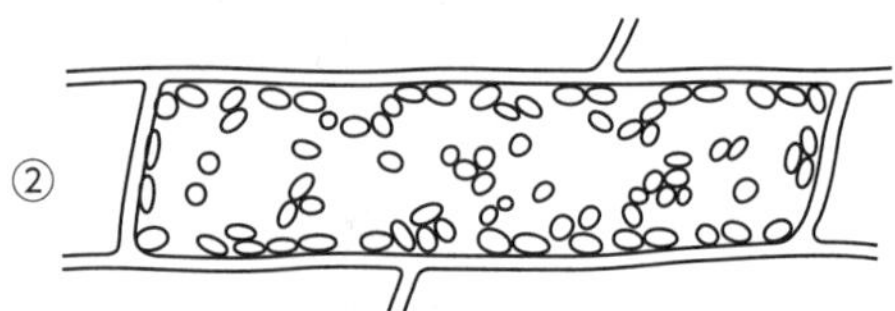

(1) イシクラゲとオオカナダモは，右図のスケッチ①，②のどちらか。それぞれ番号で答えよ。

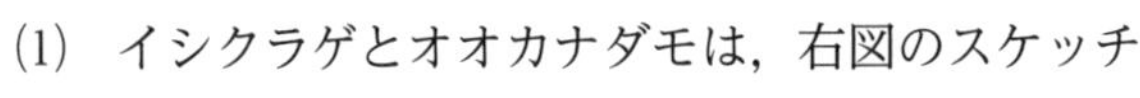

イシクラゲ　オオカナダモ

(2) 観察結果をまとめた次の文中の(　)に適する語を答えよ。

オオカナダモの細胞内には緑色の(　ア　)が多数観察され，それは，イシクラゲの1個の(　イ　)とほぼ同じ大きさであった。また，どちらの細胞内にも(　ウ　)がみられなかったが，酢酸カーミン溶液で染色したところ，(　エ　)の細胞内にはうすく染まった(　ウ　)が確認された。

ア　イ　ウ　エ

(3) イシクラゲは，原核細胞と真核細胞のどちらからなるか。

知識

7. 系統樹 下の図は，共通の祖先から進化した生物群 A～D の進化の道筋を表したものである。また下の表は，生物群 A～D がア～キの特徴をもつ(○)かもたない(×)かをまとめたものである。下の各問いに答えよ。

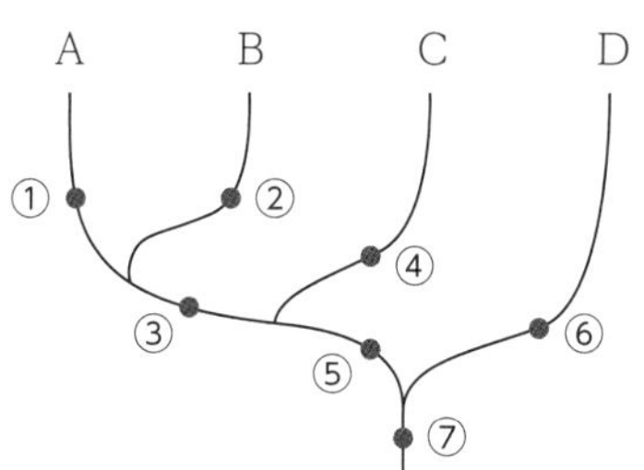

	ア	イ	ウ	エ	オ	カ	キ
A	○	×	○	○	×	○	×
B	○	×	×	○	○	○	×
C	○	○	×	×	×	○	×
D	×	×	×	×	×	○	○

(1) このような図を何というか。

(2) 表中のア～キの特徴が現れた位置として最も適当なものを，図中の①～⑦のなかからそれぞれ選べ。

ア　イ　ウ　エ　オ　カ　キ

(3) 図中の生物群 A が哺乳類，B がハ虫類・鳥類，C が両生類，D が魚類であるとすると，③と⑤の位置で現れた祖先生物がもつ特徴を，それぞれ答えよ。

③　⑤

知識

8. 動物細胞と植物細胞 右の図は，光学顕微鏡で見た動物細胞と植物細胞の模式図である。次の各問いに答えよ。

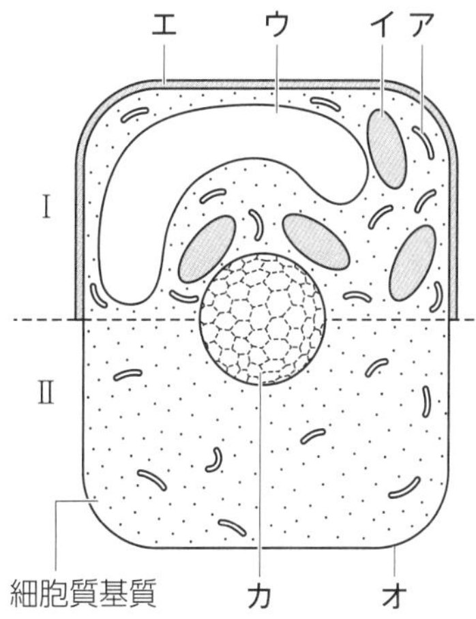

(1) 図中のア～カの名称を答えよ。

ア　イ

ウ　エ

オ　カ

(2) Ⅰ，Ⅱのどちらが植物細胞か。

(3) (2)のように判断した理由を，ア～カの名称を１つ用いて簡潔に答えよ。

(4) 図中のア，イ，カに関する記述として最も適当なものを，次の①～③のなかから選べ。

① 染色体を含み，細胞の働きを調節する細胞小器官

② 光合成の場となる細胞小器官

③ 呼吸の場となる細胞小器官

ア　イ　カ

(5) 図中のア～カおよび細胞質基質のうち，原核細胞にも共通してみられるものをすべて選べ。

思考

9. 原核細胞と真核細胞の比較　右の表は，3種類の細胞Ⅰ～Ⅲについて，各構造の有無(○…あり，×…なし)を示したものである。次の各問いに答えよ。

	Ⅰ	Ⅱ	Ⅲ
核	○	○	×
ア	○	○	○
イ	○	○	×
ウ	×	○	○
エ	×	○	×

(1) 細胞Ⅰ～Ⅲは次の①～③のいずれかである。細胞Ⅰ～Ⅲに適するものを①～③のなかからそれぞれ選び，番号で答えよ。

① ツバキの葉肉細胞

② ヒトの肝細胞

③ イシクラゲの細胞　　Ⅰ　　Ⅱ　　Ⅲ

(2) 構造ア～エに適するものを，次の①～⑦のなかからそれぞれすべて選び，番号で答えよ。

① ミトコンドリア　② 細胞壁　③ 葉緑体　④ 染色体

⑤ 液胞　⑥ 細胞膜　⑦ 細胞質基質

ア　　イ　　ウ　　エ

(3) Ⅲに対して，ⅠやⅡのような細胞を何と呼ぶか。

(4) (3)の細胞からなる生物に該当するものを次の①～⑦のなかからすべて選び，番号で答えよ。

① 大腸菌　② ミドリムシ　③ コレラ菌　④ 酵母

⑤ ゾウリムシ　⑥ イシクラゲ　⑦ コロナウイルス

(5) Ⅲのような細胞からなる生物を総称して何と呼ぶか。

知識

10. いろいろな細胞の大きさ　細胞やウイルスなどの大きさに関して，次のスケールを参考にして下の各問いに答えよ。

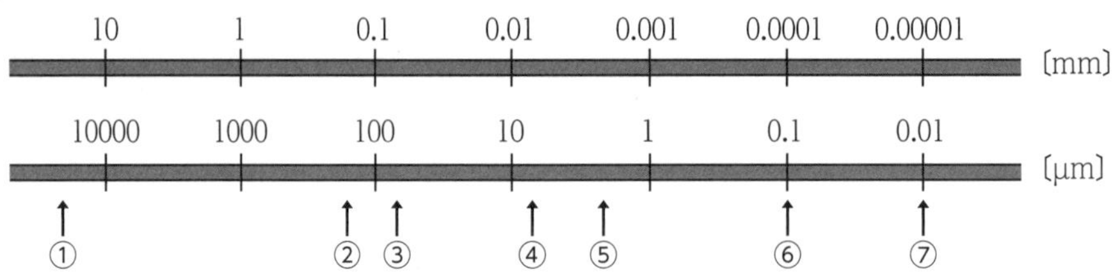

(1) 次のア～カの大きさは，上に示したスケールの①～⑦のどこに相当するか，番号で答えよ。

ア　ニワトリの卵(卵黄)　イ　大腸菌　ウ　インフルエンザウイルス

エ　ゾウリムシ　オ　ヒトの赤血球　カ　ミドリムシ

ア　　イ　　ウ　　エ　　オ　　カ

(2) 接近した2点を，2つの点として識別できる，2点間の最小距離を何というか。

(3) (1)のア～カのうち，肉眼で観察できるものをすべて選べ。

(4) (1)のア～カのうち，肉眼では観察できないが光学顕微鏡では観察できるものをすべて選べ。

知識

11. 生物と代謝

右の図は，生物を代謝の観点から2つに分類し，それぞれの代謝を模式的に示したものである。次の各問いに答えよ。

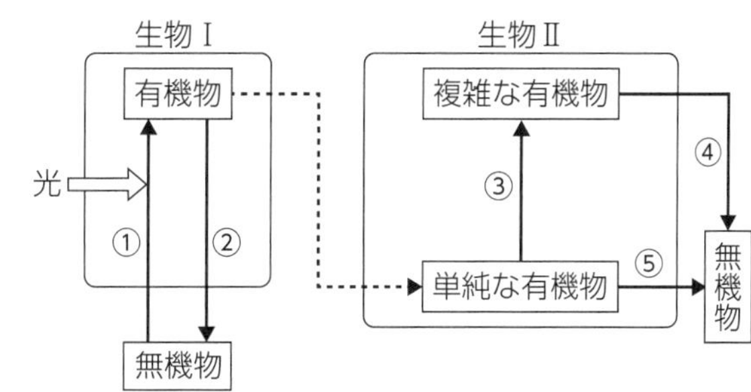

(1) 図の矢印①～⑤から，同化と異化の過程をそれぞれすべて選び，番号で答えよ。

同化　　　　異化

(2) 生物Ⅰのように，外界から得た無機物から有機物を合成して生活している生物を何というか。また，それに対し，生物Ⅱのような生物を何というか。

生物Ⅰ

生物Ⅱ

(3) 生物Ⅱの説明として誤っているものを次の①～④のなかから1つ選び，番号で答えよ。

① 生物Ⅰを直接栄養分として取り入れることでしか有機物を得られない。
② 無機物のみから有機物を合成することができない。
③ 異化によって取り出されたエネルギーを同化にも利用する。
④ 生物Ⅰが合成した有機物を同化して，必要な物質につくり変えている。

(4) 次の①～⑤のなかから，生物Ⅱに該当するものをすべて選び，番号で答えよ。

① イシクラゲ　　② シイタケ　　③ 大腸菌
④ アオミドロ　　⑤ ゾウリムシ

知識

12. 代謝とエネルギー

下の図は，生物界における物質の代謝とエネルギーの流れを模式的に示したものである。次の各問いに答えよ。

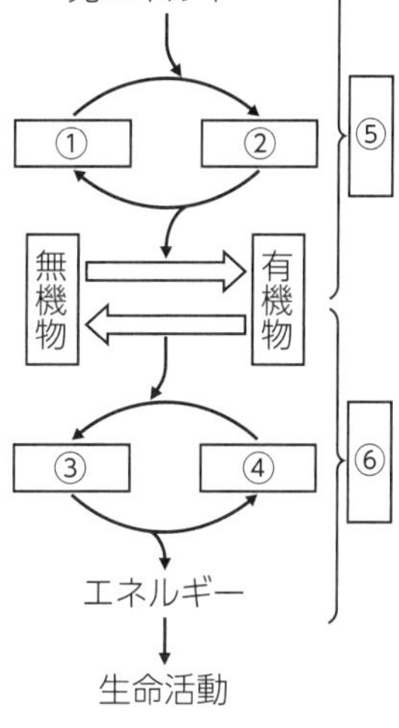

(1) 次のア～エの語に相当する物質または反応を，図中の①～⑥のなかからそれぞれすべて選び，番号で答えよ。

ア 同化　　イ 異化　　ウ ATP　　エ ADP

ア　　イ　　ウ　　エ

(2) 次の①～④のなかから，ATP の構造を表した図を選べ。

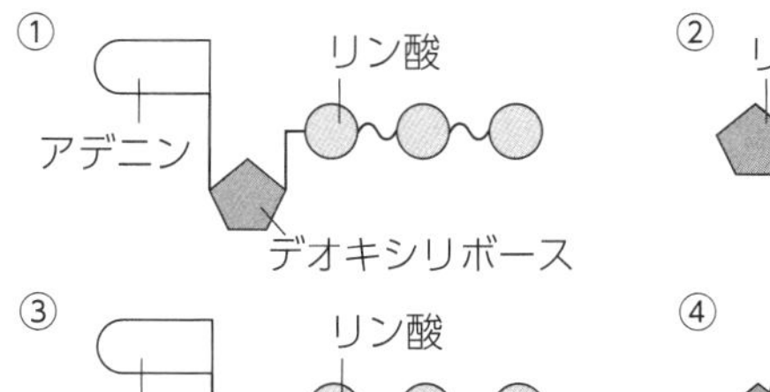

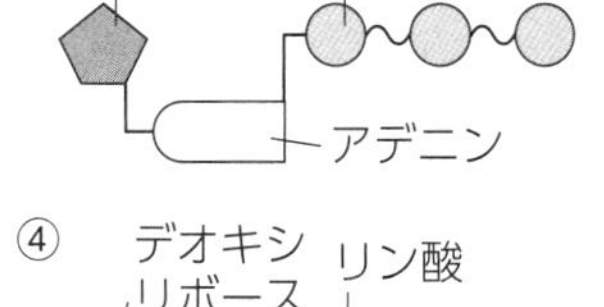

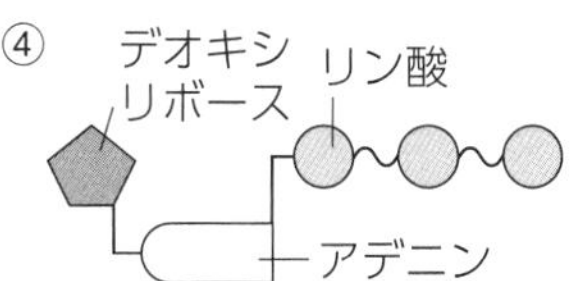

(3) (2)の図で，ATP 内の～で表される結合を何というか。

知識

13. 光合成　次の文章を読み，下の各問いに答えよ。

生物が二酸化炭素を吸収して有機物を合成する反応を(　ア　)と呼ぶ。光エネルギーを用いる(　ア　)を(　イ　)といい，真核細胞では(　ウ　)という細胞小器官で行われる。

(1) 文中の(　　)に適する語を答えよ。

ア　　　　イ　　　　ウ

(2) 光合成の過程は，次の図のように表すことができる。(　　)に当てはまる物質を，下の①～④のなかからそれぞれ選び，番号で答えよ。

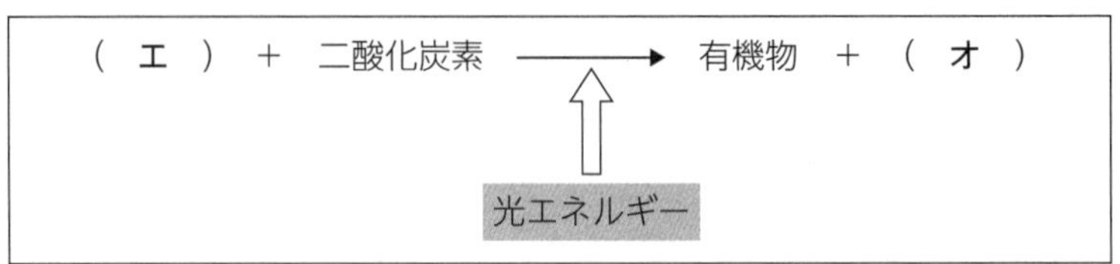

①　酸素　　②　ATP　　③　水　　④　グルコース　　エ　　オ

(3) 光合成について述べた次の①～④のなかから，正しいものをすべて選べ。

①　有機物を合成する際のエネルギーには，ATP が用いられる。
②　有機物を合成する際のエネルギーには，吸収された光エネルギーが直接用いられる。
③　原核生物にも，葉緑体で光合成を行うことができるものがいる。
④　イシクラゲが行う光合成でも，酸素が発生する。

知識

14. 呼吸　次の文章を読み，下の各問いに答えよ。

生物が，(　ア　)を用いて有機物を分解し，放出されるエネルギーを利用して ATP を合成する反応を(　イ　)という。真核細胞で(　イ　)の場となるのは(　ウ　)である。

(1) 文中の(　　)に適する語を答えよ。

ア　　　　イ　　　　ウ

(2) グルコースを用いた呼吸の過程は，次の図のように表すことができる。(　　)に当てはまる物質を，下の①～④のなかから 2 つ選び，番号で答えよ。

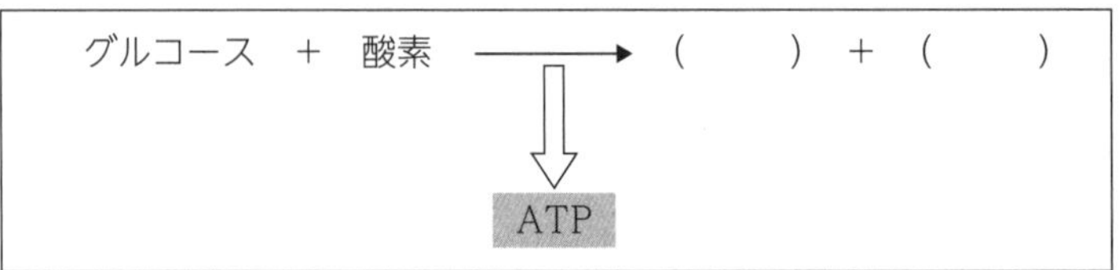

①　アンモニア　　②　水　　③　ADP　　④　二酸化炭素

(3) 呼吸について述べた次の①～④のなかから，正しいものをすべて選べ。

①　呼吸によって分解される有機物には，グルコース以外にも脂肪やタンパク質などがある。
②　呼吸の反応は，有機物の燃焼と同じようにみえるが，燃焼よりも急激に反応が進むところが異なる。
③　酸素を用いずに有機物を分解する呼吸を行う生物も存在する。
④　呼吸は異化である。

知識
15. 光合成と呼吸 次の図は，光合成と呼吸の過程を，1つの模式図に示したものである。下の各問いに答えよ。

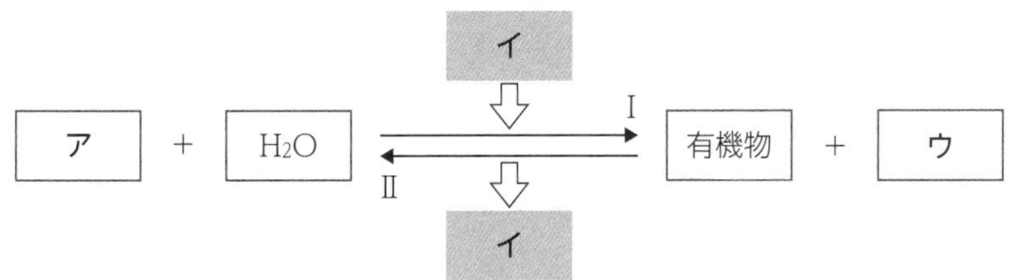

(1) ア～ウに最も適する物質を，化学式または略記号で答えよ。ただし，イは，エネルギーが出入りする際の仲立ちとなる物質である。

(2) 光合成を示しているのは，Ⅰ，Ⅱのどちらの過程か。

(3) エネルギーを放出するのは，Ⅰ，Ⅱのどちらの過程か。

(4) 次の①～④について，光合成と呼吸のうち光合成のみを行うものにはaを，呼吸のみを行うものにはbを，どちらも行うものにはcを，どちらも行わないものにはdを，それぞれ答えよ。
① イシクラゲ
② コロナウイルス
③ オオカナダモ
④ 酵母

知識
16. 酵素 次の文章を読み，下の各問いに答えよ。

化学反応を促進する物質で，それ自体は反応の前後で変化しないものを(　ア　)という。(　イ　)は生体内で働く(　ア　)で，一般に，生体内のような穏やかな条件下で化学反応を促進する。(　イ　)の主成分は(　ウ　)である。

(1) 文中の(　　)に適する語を答えよ。

ア　　　　イ　　　　ウ

(2) 右の図は，酵素反応の流れを示したものである。図中のエ～カに相当する物質を次の①～④のなかから選び，番号で答えよ。
① 生成物
② 酵素
③ 阻害物質
④ 基質

エ　　　　オ　　　　カ

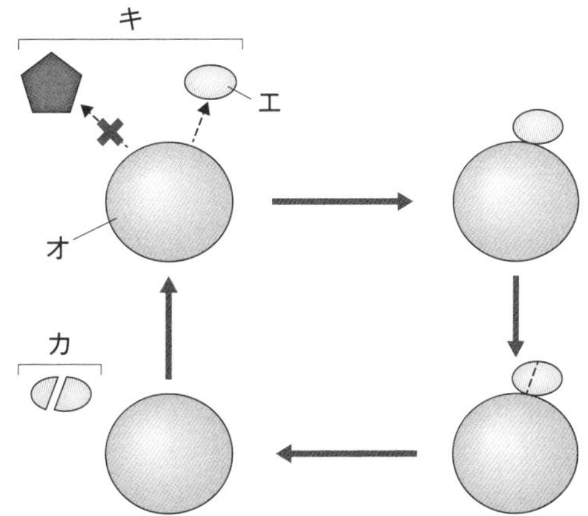

(3) 図中のキは，特定の物質にのみ作用する酵素の性質を表している。この性質を何というか。

思考 論述

17. カタラーゼの働き

カタラーゼに関する次の各問いに答えよ。

(1) カタラーゼは生体内で働く触媒である。触媒とはどのような物質か，30字以内で説明せよ。

(2) 3%過酸化水素水を入れた試験管を4本準備し，それぞれに次の①～④の物質をほぼ同量入れて観察した。試験管内に気泡が発生する物質をすべて選べ。

① 新鮮な肝臓片　② 新鮮なダイコン片
③ 石英砂　④ 酸化マンガン(Ⅳ)

(3) カタラーゼが含まれるものを，(2)の①～④のなかからすべて選べ。

(4) 発生した気体は何か。物質名を答えよ。

(5) (2)の実験で気泡の発生がとまった試験管に，次の①～③の物質をそれぞれ入れた。再び気泡が発生するようになるのは，どの物質を入れたときか。番号で答えよ。

① 3%過酸化水素水　② 新鮮な肝臓片　③ 酸化マンガン(Ⅳ)

思考

18. 代謝における酵素反応

次の文章を読み，下の各問いに答えよ。

あるカビは，培地に物質Aが存在すると，右の図に示す反応によって生育に必要な物質ウをつくる。この反応には，3種類の酵素①～③が働く。

このカビは，酵素①～③のうちのいずれか1つでも働かなくなると，培地に物質Aを加えても生育できなくなる。そこで，酵素①～③のいずれか1つが働かないこのカビのそれぞれの培地に，物質A～Dを加えた。すると，その生育の状態は右の表のようになった。

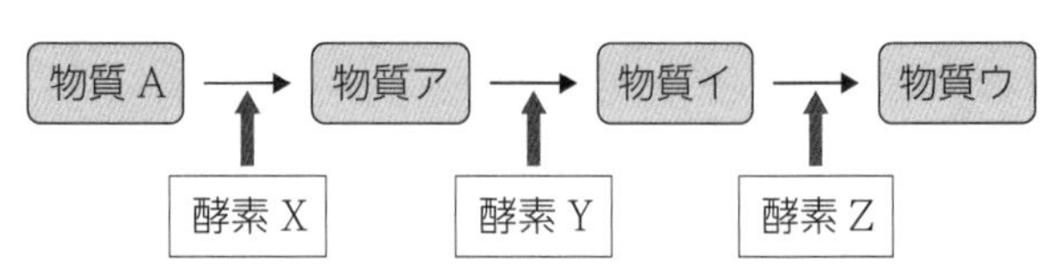

酵素X～Zは酵素①～③のいずれかに相当する。

	培地に加えた物質			
	A	B	C	D
酵素①が働かないカビ	×	○	○	×
酵素②が働かないカビ	×	×	○	×
酵素③が働かないカビ	×	○	○	○

○…生育した　×…生育しなかった

(1) 物質ア～ウに相当するのは培地に加えた物質B～Dのうちのどれか。

ア　イ　ウ

(2) 酵素X～Zに相当するのは酵素①～③のうちのどれか。

X　Y　Z

(3) ミトコンドリアには，複数の酵素が存在している。このことに関連する説明として最も適当なものを，次のa～cのなかから選べ。

a 呼吸では，1つの反応に多くの酵素が関わる。
b 呼吸は，複数の反応からなる。
c ミトコンドリアでは，呼吸も光合成も行われる。

標準例題 1 細胞の構造と共通性

➡ 問題 19, 20

すべての生物は，細胞からできている。細胞は，形や大きさなどに多様性がみられるが，基本的な構造は共通している。右の表は，さまざまな細胞を観察し，その細胞を構成する構造体ⅰ～ⅴの有無を調べた結果である。ただし，構造体ⅰ～ⅴは，DNA，細胞膜，細胞壁，葉緑体，鞭毛のいずれかを表している。

	ⅰ	ⅱ	ⅲ	ⅳ	ⅴ
オオカナダモの細胞	＋	＋	＋	＋	－
ミドリムシ	＋	＋	＋	－	＋
イシクラゲの細胞	＋	＋	－	＋	－
ヒトの肝細胞	＋	＋	－	－	－
ヒトの赤血球	＋	－	－	－	－

＋…存在する　－…存在が確認できない

(1) 真核細胞の基本構造に関する説明として最も適当なものを，次の①～⑤のなかから選べ。
① ミトコンドリアは，呼吸によりエネルギーを吸収している。
② ミトコンドリアは，細胞から取り出しても分裂することができる。
③ 細胞内に含まれるミトコンドリアの数は，すべての細胞で同じである。
④ 細胞質基質には，多くの種類の酵素が含まれている。
⑤ 液胞には，クロロフィルと呼ばれる色素が含まれている。

(2) すべての生物にみられる共通性として代謝を行うことなどもあげられる。代謝に伴うエネルギーの受け渡しを行っている物質であるATPに関する説明として，最も適当なものを次の①～③のなかから選べ。
① アデニンとリボースが結合したアデノシンに，3個のリン酸が結合した化合物である。
② ADPとリン酸からATPが合成される際，エネルギーが放出される。
③ 同化である光合成の過程で，ATPが合成されることはない。

(3) 構造体ⅲとして最も適当なものを答えよ。

Assist 細胞膜とDNA(染色体)はすべての細胞に共通する構造と学習するが，ヒトの赤血球は核を失っているので，構造体ⅰは(ᵃDNA/細胞膜)，構造体ⅱは(ᵇDNA/細胞膜)と判断できる。残りのⅲ～ⅴの構造体で，遊泳するミドリムシのみがもつ構造体ⅴは(ᶜ鞭毛/葉緑体)となる。また，イシクラゲは光合成を行うが原核生物であるので，構造体ⅳは(ᵈ葉緑体/細胞壁)となり，最後に残った構造体ⅲは(ᵉ葉緑体/細胞壁)となる。

(20 大阪医科薬科大 改題)

解説 (1)ミトコンドリアでは，呼吸によりATPが合成されるので，代謝が活発な筋肉細胞などには多くみられる。また，細胞内での分裂は可能だが，分裂には核内のDNAを必要とするので細胞外では分裂できない。クロロフィルは葉緑体内に存在し，光エネルギーの吸収に関わっている。　(2) ADPにリン酸が結合する際には，エネルギーを必要とする。光合成では，まず，光エネルギーを用いてATPが合成される。そのATPを用いて，二酸化炭素などから有機物がつくられる。　(3)イシクラゲは原核生物であり，葉緑体をもたない。核ももたないが，染色体の主成分であるDNAは細胞質基質に存在している。

解答 (1) ④　(2)①　(3)葉緑体
Assist a…細胞膜　b…DNA　c…鞭毛　d…細胞壁　e…葉緑体

標準問題

知識 実験 観察

19. 細胞の観察 細胞の特徴に関する次の文章を読み，下の各問いに答えよ。

地球上の多様な生物のさまざまな細胞には，細胞膜で包まれている，遺伝物質としてのDNAをもつ，代謝を行うなどといったa共通性がみられる。その一方で，b細胞の大きさや形が異なる，細胞に含まれる構造体が異なるなどの多様性もみられる。

高校生のSさんは，ヒトの口腔内の細胞，オオカナダモの葉の細胞，イシクラゲの細胞について調べるため，それぞれ次の手順で観察を行った。

手順1 ヒトの口腔内のほおの内側表面を，綿棒で軽くこすり取る。オオカナダモの葉をピンセットで1枚とる。イシクラゲは水に浸して柔らかくなった1mm程度の小片をピンセットで取る。これらの3種類の試料を，別々のスライドガラスにのせたものを2セットつくる。

手順2 一方のセットには水を，他方のセットには染色液を1滴ずつ落とし，それぞれカバーガラスをかけてプレパラートをつくる。

手順3 光学顕微鏡で検鏡する。

(1) 下線部aに関して，細胞の共通性について述べた次の文Ⅰ～Ⅲのうち，正しいものをすべて選べ。

Ⅰ 細胞膜の厚さは，5～10μmである。

Ⅱ すべての生物において，DNAは核だけに存在する。

Ⅲ 代謝に伴うエネルギーのやりとりは，ATPを介して行われる。

(2) 下線部bに関して，次の①～⑥の細胞を大きいものから順に並べたとき，3番目と5番目に大きいものをそれぞれ選べ。

① ヒトの赤血球(直径)　② ヒトの精子(長さ)　③ ヒトの卵(直径)

④ カエルの卵(直径)　⑤ ゾウリムシ(長辺)　⑥ 大腸菌(長辺)

3番目　5番目

(3) 手順2で水を1滴落としてつくったプレパラートを，手順3で観察したときに，緑色の粒子がゆっくり動くようすを観察できた試料を，次の①～③のなかからすべて選べ。

① ヒトの口腔内の細胞　② オオカナダモの葉の細胞　③ イシクラゲの細胞

(4) 手順2で染色液として酢酸カーミンを1滴落としてつくったプレパラートを，手順3で観察した。1個の細胞において，赤く染色された構造体が1個観察された試料を(3)の①～③のなかからすべて選べ。

(20 名古屋学芸大 改題)

ヒント (1)原核細胞である大腸菌の大きさは約3μmである。このことから，文Ⅰの正誤を推測する。(3)細胞内に存在し，光学顕微鏡で観察できる緑色の粒子が何かを考え，その構造をもつ細胞を選ぶ。

思考 計算 論述

20. 細胞の特徴 次の文章を読み，下の各問いに答えよ。

生物は細胞からなり，からだが1つの細胞からできている生物を単細胞生物，多数の細胞からできている生物を多細胞生物という。また，細胞はa原核細胞と真核細胞の2種類に大別され，原核細胞からなる生物を原核生物，真核細胞からなる生物を真核生物という。

淡水の池の水を採取し，b光学顕微鏡を使って観察したところ，ある単細胞生物が見つかった。図1はその生物のスケッチである。図1の生物は無色透明で，細胞の中心に核があり，細胞の表面にはたくさんの繊毛が生えていた。

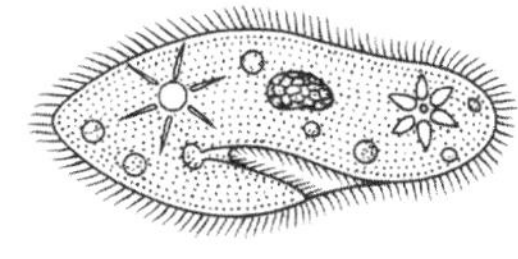
図1

(1) 下線部aに関して，原核細胞からなるものを，次の①～⑤のなかからすべて選べ。

① アメーバ ② イチョウの精子 ③ イシクラゲ
④ 酵母 ⑤ 乳酸菌

(2) 下線部aに関して，光学顕微鏡で観察したときにみられる原核細胞と真核細胞の違いを2つ答えよ。ただし，試薬類を使ってもよいものとする。

(3) 下線部bに関して，自作の顕微鏡でコルク片を観察し，空所を細胞と名付けたイギリスの科学者の名前を答えよ。

(4) 図1の生物の名称を答えよ。

(5) 対物ミクロメーターと接眼ミクロメーターを使って，図1の生物の大きさを計測した。図2はある倍率で観察したときの，対物ミクロメーターと接眼ミクロメーターの目盛りの重なりを示している。図3は，図2と同じ倍率で図1の生物を観察したものである。この生物の大きさは何μmかを，途中の計算過程とともに答えよ。なお，対物ミクロメーターの1目盛りは10μmである。また，繊毛は生物の大きさに含めないものとする。

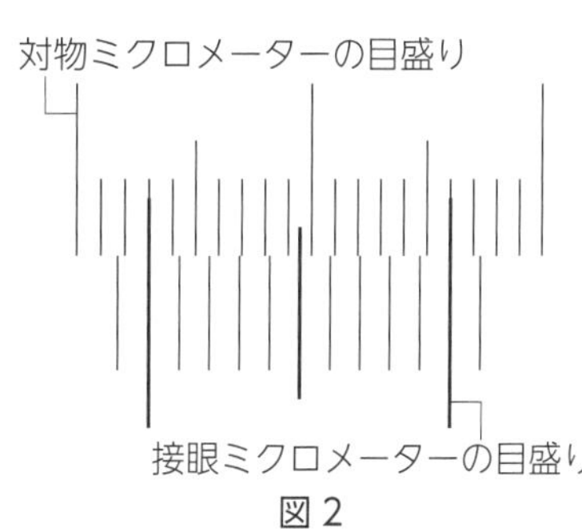

図2

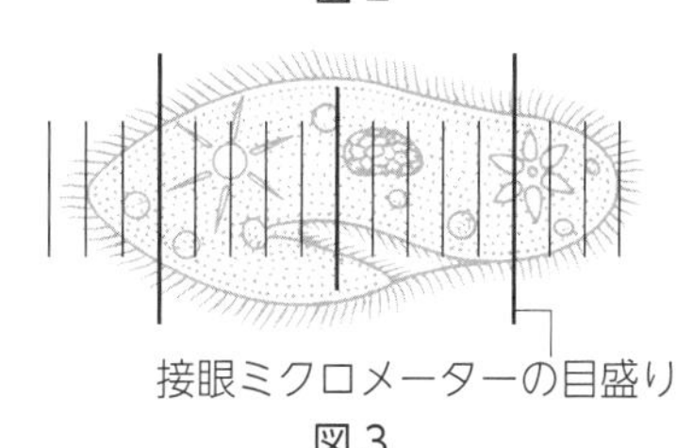

図3

(20 島根大 改題)

ヒント (2)「試薬類を使ってもよいものとする」とあるため，染色処理を行ったものとして考えるとよい。
(5) 2つのミクロメーターの目盛りが一致するところを，2か所探す。

第2章 遺伝子とその働き

1 遺伝子の本体と構造

A 遺伝情報と DNA

(a) **遺伝子・DNA・染色体** 生物のもつさまざまな性質や特徴である(1　　　　)の多くは，(2　　　　)によって決まる。(2　　　　)は染色体に存在し，染色体はタンパク質と(3　　　　)からなる。

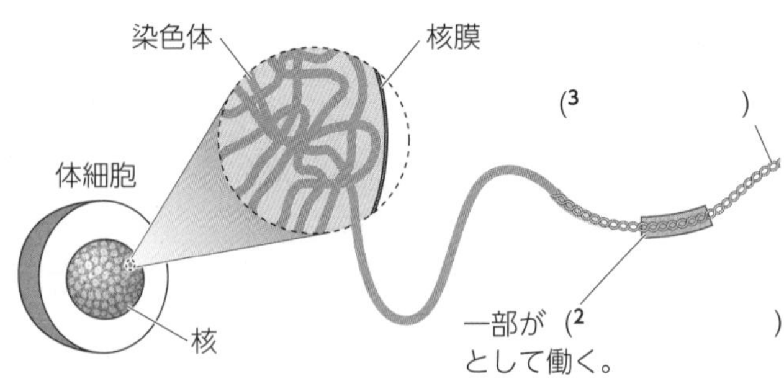

(b) **DNA の構造** DNA(デオキシリボ核酸)は，糖に塩基とリン酸が結合した基本単位である(4　　　　)という物質が，多数鎖状につながったものである。DNA の糖は(5　　　　)であり，塩基には次の4種類がある。

- A…(6　　　　)　● T…(7　　　　)
- G…(8　　　　)　● C…(9　　　　)

DNA の構造は，塩基の間で弱く結合した2本のヌクレオチド鎖が平行に並び，全体がねじれたもので，(10　　　　)と呼ばれる。この2本のヌクレオチド鎖の塩基間の結合では，アデニンと(11　　　　)，グアニンと(12　　　　)が対になって結合している。このように，特定の塩基どうしが対となって結合する性質を，塩基の(13　　　　)という。こうした DNA の構造は，(14　　　　)と(15　　　　)によって1953年に提唱された。

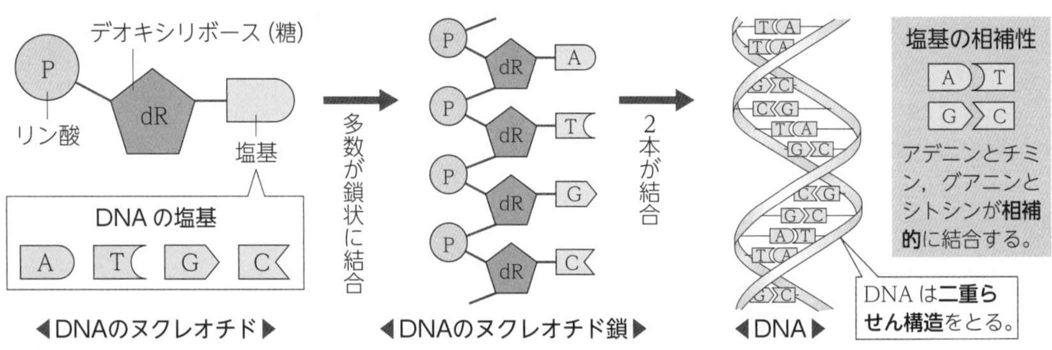

(c) **遺伝情報と遺伝子** ヌクレオチド鎖の塩基の並びを(16　　　　)といい，これが遺伝情報となっている。各遺伝子は，塩基の数や配列順序などが異なっている。

(d) **DNA の研究史**

❶**グリフィスの実験**(1928年)…肺炎双球菌(肺炎球菌)には，病原性のあるS型菌と，病原性のないR型菌とがある。グリフィスは，死んだS型菌に含まれる物質が生きたR型菌に移り，(17　　　　)型菌を(18　　　　)型菌に変化させることを示した。

● ([19]　　　　　　　　)…外部からの物質によって形質が変化する現象。グリフィスの実験により発見された。

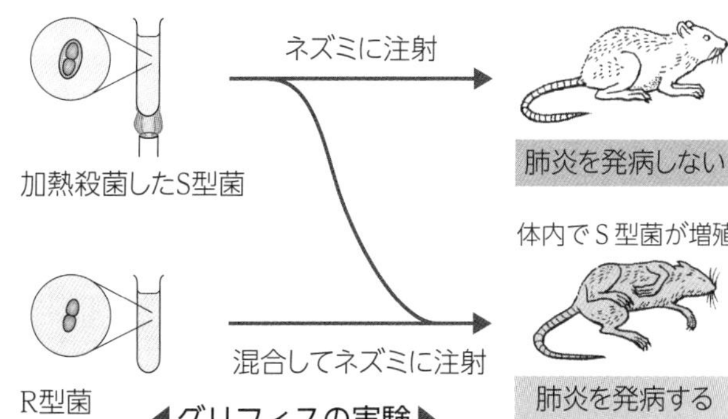

◀グリフィスの実験▶

❷**エイブリーの実験**(1944年)…肺炎双球菌を用いて，形質転換を引き起こす物質は([20]　　　　　　　　)であることを明らかにした。

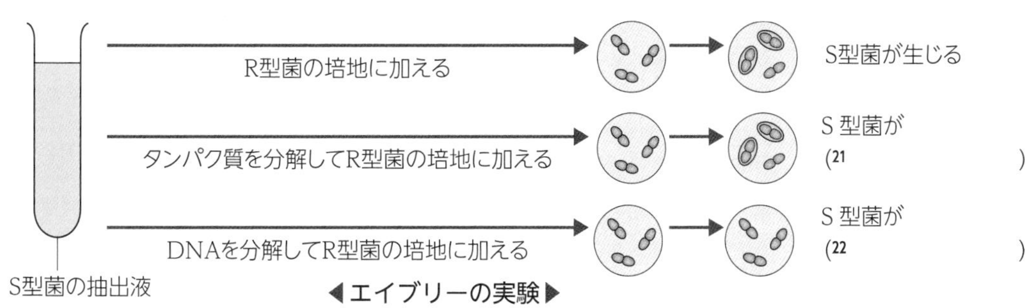

◀エイブリーの実験▶

❸**ハーシーとチェイスの実験**(1952年)…大腸菌に感染するウイルスである T_2 ファージは，外殻を構成する([23]　　　　　　　　)と頭部に含まれる([24]　　　　　　)からできている。これらを標識することで，大腸菌の体内に入るのは([25]　　　　　　)だけであることを示し，遺伝子の本体は([25]　　　　　　)であると証明した。

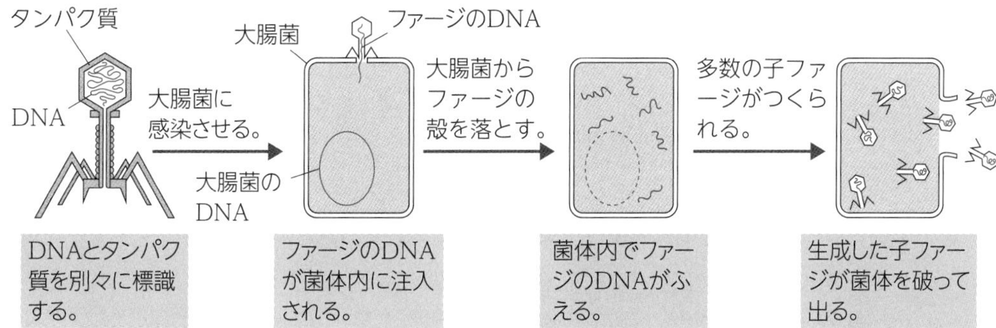

❹**シャルガフの研究**(1949年)…生物の種類によって含まれるA，T，G，Cの数の割合は異なる。しかし，どの生物においてもAとT，GとCの数の比はそれぞれ([26]　　　　　　)であることを発見した。

生物名	A	T	G	C
ヒト	30.3	30.3	19.5	19.9
結核菌	15.1	14.6	34.9	35.4

◀DNAの塩基組成(%)▶

解答　**1**…形質　**2**…遺伝子　**3**…DNA　**4**…ヌクレオチド　**5**…デオキシリボース　**6**…アデニン　**7**…チミン　**8**…グアニン　**9**…シトシン　**10**…二重らせん構造　**11**…チミン　**12**…シトシン　**13**…相補性　**14，15**…ワトソン，クリック(順不同)　**16**…塩基配列　**17**…R　**18**…S　**19**…形質転換　**20**…DNA　**21**…生じる　**22**…生じない　**23**…タンパク質　**24**…DNA　**25**…DNA　**26**…1：1

B DNA の複製と分配

(a) **DNA の複製** DNA は，細胞が分裂するとき，同じ配列のものが合成されて新しい細胞に均等に分配される。このとき複製された DNA は，元の DNA から一方のヌクレオチド鎖をそのまま受け継いでいる。このような複製のしくみを(1　　　　　　　　)という。

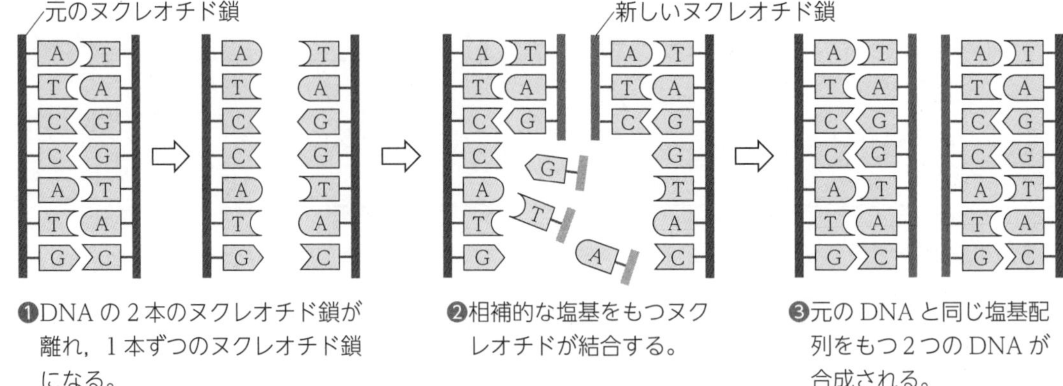

◀DNA の複製のようす▶

(b) **細胞周期** 分裂をくり返す細胞は，細胞分裂を行う時期である(2　　　　　　)と，分裂を行わない時期の間期をくり返している。このくり返しを(3　　　　　　)という。

- 遺伝情報の分配…分裂直後の娘細胞の細胞 1 個当たりの DNA 量を基準量としたとき，S 期に DNA が複製されて基準量の(4　　　)倍となり，分裂期を終えると基準量に戻る。

	時期	過程
間期	(5　　　)	DNA 合成の準備を行う。
	(6　　　)	DNA の複製を行う。
	(7　　　)	分裂の準備を行う。
分裂期(M期)	(8　　　)	核内に分散していた染色体が凝縮して太く短くなる。
	(9　　　)	染色体がさらに凝縮して，細胞の中央の(10　　　　　)に並ぶ。
	(11　　　)	複製された各染色体が 2 つに分離して，両極へ移動する。
	(12　　　)	染色体が再び分散し，核膜ができる。動物細胞では細胞膜がくびれ込み，植物細胞では(13　　　　　)によって，細胞質が分かれる細胞質分裂が起こる。

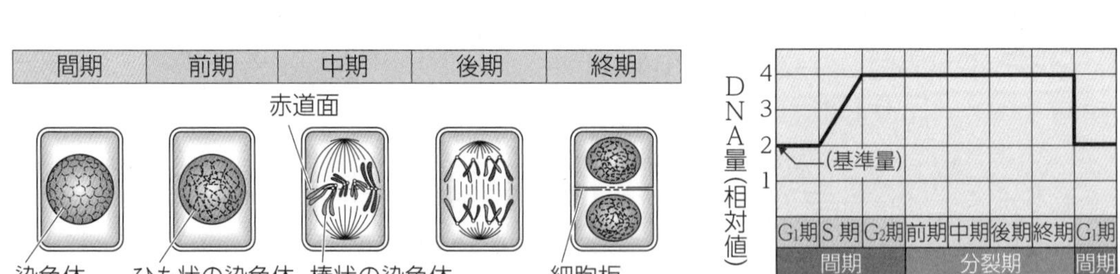

◀細胞分裂の過程(植物)▶　◀細胞周期における DNA 量の変化▶

❷ 遺伝情報とタンパク質

Ⓐ 遺伝情報とタンパク質

(a) タンパク質の機能と構造

❶タンパク質は，生体を構成したり酵素の主成分となったりして，生体内で重要な役割を果たしている。

- 酵素の主成分となるタンパク質　(例)カタラーゼ…化学反応を促進する。
- 赤血球に含まれるタンパク質　(例)ヘモグロビン…酸素を運搬する。
- 皮膚や骨の成分となるタンパク質　(例)コラーゲン…からだをつくる。

❷タンパク質は，(14　　　　　　)が多数結合してできた物質である。タンパク質の種類は，結合する(14　　　　　　)の種類や総数，(15　　　　　　)の違いによって決まる。

(b) 遺伝情報とタンパク質　DNA の遺伝子としての働きをもつ部分の塩基配列は，タンパク質のアミノ酸配列などの情報となっている。

発展　アミノ酸の構造

❶アミノ酸…1個の炭素原子にアミノ基，カルボキシ基，水素原子，および側鎖が結合したもの。タンパク質を構成するアミノ酸は 20 種類知られており，側鎖の性質によってアミノ酸の性質が決まる。

❷ペプチド結合…タンパク質を構成するアミノ酸どうしの結合。

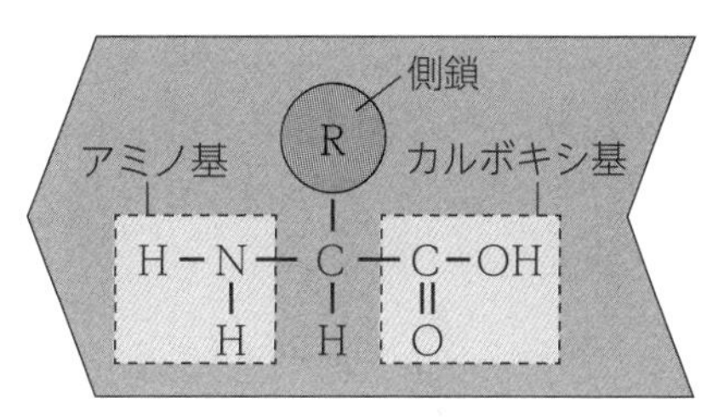

Ⓑ 転写と翻訳

(a) RNA

❶ RNA の構造…DNA と同じくヌクレオチドが鎖状につながった化合物だが，2 本鎖ではなく(16　　　　)本鎖である。また，糖は(17　　　　　　)である。塩基にはチミン(T)がなくて(18　　　　　　)(U)がある。U は A と相補的に結合する。

RNAの塩基
A　U　G　C
リン酸
P
R
塩基
(17　　　　　　)(糖)

◀RNAのヌクレオチド▶

❷ RNA の種類

- (19　　　　　　)…アミノ酸の種類や配列順序・総数を指定する RNA。
- (20　　　　　　)…アミノ酸と結合し，mRNA へ運搬する RNA。

解答　**1**…半保存的複製　**2**…分裂期(M 期)　**3**…細胞周期　**4**…2　**5**…G_1期(DNA 合成準備期)　**6**…S 期(DNA 合成期)　**7**…G_2期(分裂準備期)　**8**…前期　**9**…中期　**10**…赤道面　**11**…後期　**12**…終期　**13**…細胞板　**14**…アミノ酸　**15**…配列順序　**16**…1　**17**…リボース　**18**…ウラシル　**19**…mRNA(伝令 RNA)　**20**…tRNA(転移 RNA)

(b) **転写と翻訳**

❶(1　　　　　)…DNAの一部分で塩基対間の結合が切れ，1本ずつのヌクレオチド鎖になる。このうち，一方のヌクレオチド鎖の塩基に，相補的な塩基をもつRNAのヌクレオチドが結合する。これらのRNAのヌクレオチドが互いに結合し，1本のRNAとなる。

❷(2　　　　　)…アミノ酸の配列などを指定するRNAである(3　　　　　)の(4　　　)つの塩基の並びを(5　　　　　)といい，1つのアミノ酸が指定される。(5　　　　　)に相補的に結合する(6　　　　　)をもつtRNAがアミノ酸を運び，アミノ酸どうしが連結されてタンパク質が合成される。

このように，遺伝子のDNAの塩基配列が転写されたり，タンパク質に翻訳されたりすることを，遺伝子の(7　　　　　)という。

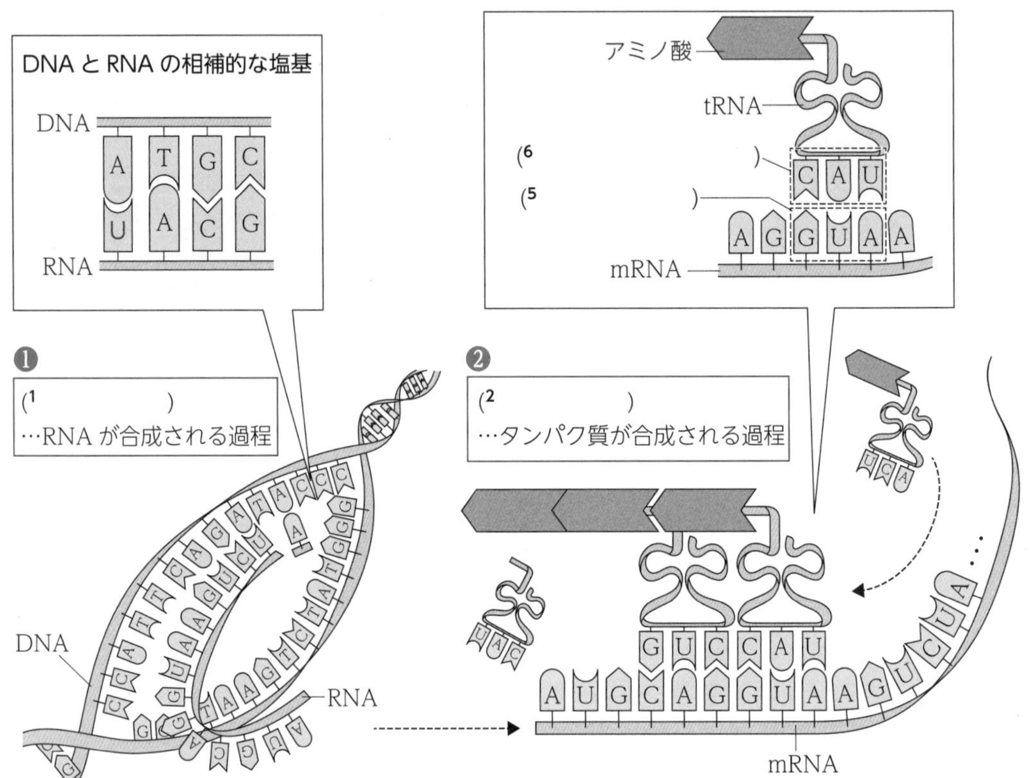

(c) **遺伝情報の流れ**　生物において，遺伝情報はDNA→RNA→タンパク質へと一方向に流れるという原則がみられる。この原則を(8　　　　　)という。

	DNA	RNA
ヌクレオチド鎖の数	2本	(9　　　)本
糖	デオキシリボース	(10　　　　　)
塩基の種類	A，T，G，C	(11　　　　　)

◀ DNAとRNAの比較 ▶

C 遺伝子とゲノム

(a) ゲノムと染色体

❶生物が自らを形成・維持するのに必要な1組の遺伝情報を(12)といい，多くの生物では，その生物の生殖細胞1個がもつ遺伝情報に相当する。

❷ヒトの場合，生殖細胞には，(13)本の染色体が含まれており，これらの染色体を構成するDNAの全塩基配列が1組のゲノムである。ヒトの体細胞には，卵と精子に由来する(14)本の染色体が含まれているため，2組のゲノムが存在している。

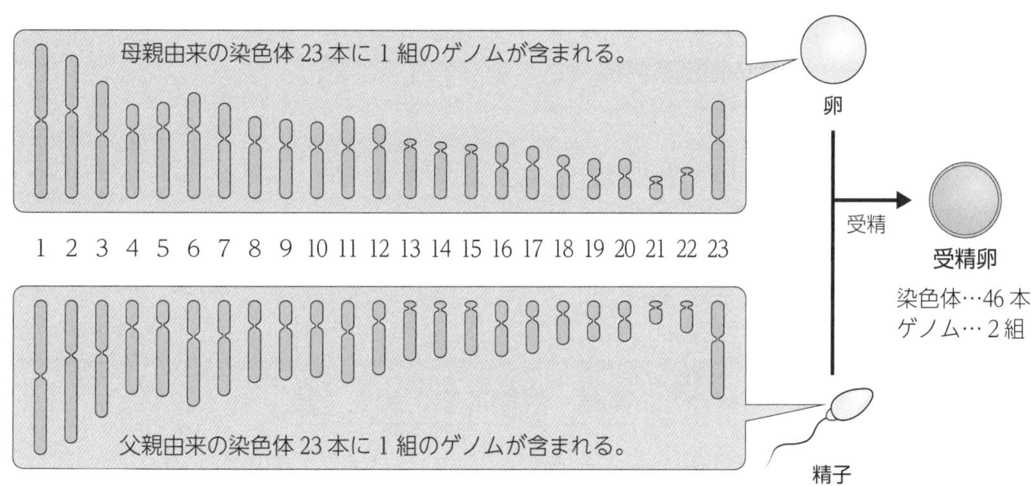

❸受精卵や体細胞には，形や大きさが同じ染色体が2本ずつ含まれている。この2本の対になっている染色体を(15)という。

(b) ゲノムと遺伝子 ヒトのゲノムは約(16)億塩基対からなり，このうち翻訳されるのは約1.5%である。ここに約(17)万個の遺伝子が存在する。原核生物のゲノムでは，ほとんどの部分が翻訳される。

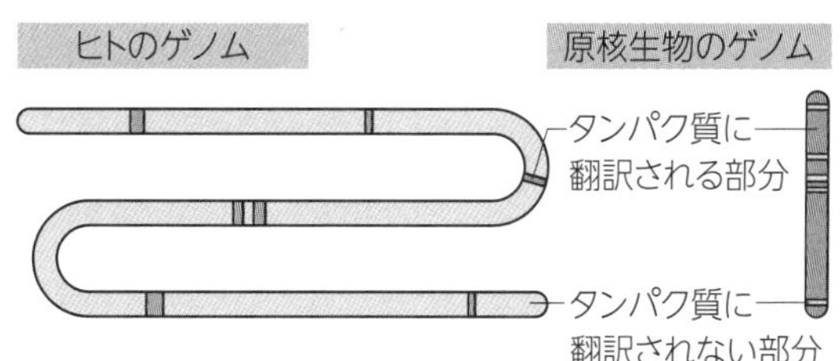

それぞれのゲノムは，全体を1本の筒として模式的に描かれている。

(c) ゲノムプロジェクト 生物のゲノムを構成するDNAの全塩基配列の解読を目的とした取り組み。

(d) からだを構成する細胞とゲノム 多細胞生物の全細胞は，1個の受精卵をもとに細胞分裂をくり返してできたものであり，基本的にすべて同じゲノムをもつ。

生物名	総塩基対数	遺伝子数
ヒト	約30億	約2万
イネ	約4億	約3万2000
大腸菌	約500万	約4500

◀ゲノムの総塩基対数と遺伝子数▶

解答 1…転写 2…翻訳 3…mRNA(伝令RNA) 4…3 5…コドン 6…アンチコドン 7…発現 8…セントラルドグマ 9…1 10…リボース 11…A，U，G，C 12…ゲノム 13…23 14…46 15…相同染色体 16…30 17…2

(e) **細胞の分化** 細胞が特定の形態や機能をもつようになることを細胞の(1　　　　)という。多細胞生物を構成する各細胞が，同じゲノムをもつにもかかわらず異なる種類の細胞に(1　　　　)するのは，細胞によって(2　　　　)する遺伝子が異なるからである。

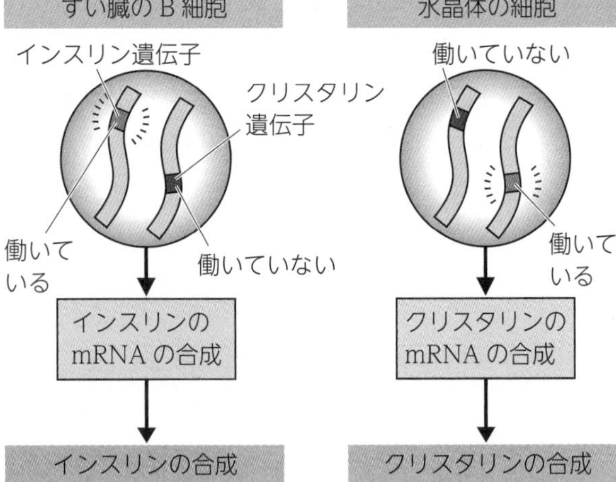

(f) **だ腺染色体のパフでの遺伝子発現** キイロショウジョウバエなどの幼虫の(3　　　　)は通常の染色体の約200倍の大きさがある。この染色体には(4　　　　)溶液でよく染まる，遺伝子の位置を知る目安となる横しまがみられる。また，(5　　　　)と呼ばれる膨らんだ場所では遺伝子が活発に(6　　　　)されている。

実験・観察のまとめ

●**細胞周期の観察** 細胞分裂の盛んなタマネギやソラマメなどの根端を用いて，次の手順で分裂の過程を顕微鏡で観察する。

❶(7　　　　)…生きていたときの状態をそのまま維持する。根端を，固定液であるカルノア液や45%(8　　　　)に5～10分間浸す。

❷(9　　　　)…細胞どうしを離れやすくする。約60℃の(10　　　　)に10～20秒間浸す。

❸(11　　　　)…染色体に色をつけることで，顕微鏡で観察できるようにする。(12　　　　)溶液を1滴落としてしばらく置く。

❹押しつぶし…カバーガラスの上にろ紙を置き，親指で強く押す。

❺検鏡…根端から2mm程度のところに根端分裂組織がある。この部分がもっとも分裂をしている場所なので，ここを中心に細胞を観察する。

●**細胞周期の各時期にかかる時間の推定** 細胞周期の各時期の細胞数とその時間は比例することから，以下の式を用いて各時期にかかる時間を求めることができる。

$$\text{ある時期にかかる時間} = \frac{\text{ある時期の細胞数}}{\text{観察した全細胞数}} \times \text{細胞周期の時間}$$

解答 1…分化 2…発現 3…だ腺染色体 4…酢酸カーミン(または酢酸オルセイン) 5…パフ 6…転写 7…固定 8…酢酸 9…解離 10…希塩酸 11…染色 12…酢酸カーミン(または酢酸オルセイン)

プロセス Process

1. 植物の花の形など生物にみられるさまざまな性質や特徴を何というか。 1. ＿＿＿＿

2. 真核生物の染色体はDNAと何から構成されているか。 2. ＿＿＿＿

3. DNAは，基本単位となるある物質が，多数鎖状につながっている。この基本単位となる物質の名称を答えよ。 3. ＿＿＿＿

4. DNAに含まれる糖を何というか。 4. ＿＿＿＿

5. DNAの塩基は何種類あるか。 5. ＿＿＿＿

6. DNAでは，塩基どうしは決まった種類の塩基と特異的に結合している。このような性質を何というか。 6. ＿＿＿＿

7. DNAを構成する2本のヌクレオチド鎖において，アデニンと特異的に結合する塩基は何か。 7. ＿＿＿＿

8. あるDNA(2本鎖)において，すべての塩基のうち30%がグアニンである場合，シトシンの割合は何%か。 8. ＿＿＿＿

9. DNAがとる，結合した2本のヌクレオチド鎖がねじれた立体構造を何と呼ぶか。 9. ＿＿＿＿

10. グリフィスの肺炎双球菌を用いた実験でみられた，外部からの物質によって形質が変化する現象を何というか。 10. ＿＿＿＿

11. DNAの複製では，元のDNAの一方のヌクレオチド鎖が受け継がれる。このような複製のしくみを何というか。 11. ＿＿＿＿

12. 体細胞分裂をくり返している細胞にみられる，分裂期と間期のくり返しを何というか。 12. ＿＿＿＿

13. 間期のうち，DNAが複製される時期を何というか。 13. ＿＿＿＿

14. G_2期の細胞に含まれるDNA量は，G_1期の何倍か。 14. ＿＿＿＿

解答 1. 形質 2. タンパク質 3. ヌクレオチド 4. デオキシリボース 5. 4種類 6. 塩基の相補性 7. チミン 8. 30% 9. 二重らせん構造 10. 形質転換 11. 半保存的複製 12. 細胞周期 13. S期(DNA合成期) 14. 2倍

15. 分裂期において，染色体が２つに分離し，細胞の両極に移動するのはどの時期か。 15. ＿＿＿＿＿

16. 細胞質分裂は，分裂期のどの時期に起こるか。 16. ＿＿＿＿＿

17. 植物細胞の細胞周期を観察するときに，60℃の希塩酸に短時間浸す処理のことを何というか。 17. ＿＿＿＿＿

18. タンパク質は，基本単位となる物質が多数鎖状につながっている。この基本単位となる物質を何というか。 18. ＿＿＿＿＿

19. DNA の塩基配列が, RNA の塩基配列に写し取られる過程を何というか。 19. ＿＿＿＿＿

20. RNA に含まれる糖を何というか。 20. ＿＿＿＿＿

21. DNA には含まれず，RNA には含まれる塩基は何か。 21. ＿＿＿＿＿

22. RNA のうち，その塩基配列によってアミノ酸の種類や配列順序を指定するものを何と呼ぶか。 22. ＿＿＿＿＿

23. mRNA の塩基配列をもとにして, タンパク質が合成される過程を何というか。 23. ＿＿＿＿＿

24. アミノ酸と結合し，これを mRNA へと運搬する RNA を何というか。 24. ＿＿＿＿＿

25. 遺伝子の塩基配列をもとに RNA やタンパク質が合成されることは，遺伝子の何と呼ばれるか。 25. ＿＿＿＿＿

26. 遺伝情報は，DNA → RNA →タンパク質の順に伝わっていくという原則を何というか。 26. ＿＿＿＿＿

27. 形や大きさが同じで対となる染色体を何というか。 27. ＿＿＿＿＿

28. 生物が自らの形成・維持に必要とする１組の遺伝情報を何というか。 28. ＿＿＿＿＿

解答 15. 後期　16. 終期　17. 解離　18. アミノ酸　19. 転写　20. リボース　21. ウラシル　22. mRNA（伝令 RNA）　23. 翻訳　24. tRNA（転移 RNA）　25. 発現　26. セントラルドグマ　27. 相同染色体　28. ゲノム

↓解説動画

基本例題 5　DNA の構造

➡ まとめ(p.26) 問題 22,25

下の図は，DNA の構造を表している。次の各問いに答えよ。

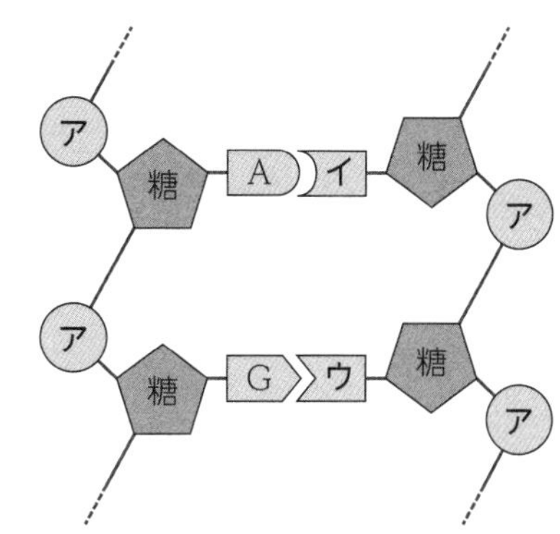

(1)　DNA の構成単位は何か答えよ。

____

(2)　図中の糖およびアは何か答えよ。

糖__________　ア__________

(3)　図中の「A」はアデニンを,「G」はグアニンを表している。イおよびウの塩基の名称を答えよ。

イ__________　ウ__________

(4)　ある生物の 2 本鎖の DNA に含まれるグアニンの割合が 22.3%であった場合，アデニンの割合(%)を答えよ。

__________%

解説　(3) DNA は，ヌクレオチドが多数鎖状につながった物質である。ヌクレオチドの塩基は A と T，G と C が相補的に結合する。図から A とイ，G とウの塩基がそれぞれ結合しているとわかる。　(4) G の割合と C の割合は等しいので，C＝22.3%。各塩基の割合の和は 100% で，A の割合と T の割合は等しいので，A の割合＝ T の割合＝ {100－(22.3 × 2)} /2 ＝ 27.7 (%)

解答　(1)ヌクレオチド　(2)糖…デオキシリボース　ア…リン酸　(3)イ…チミン　ウ…シトシン　(4) 27.7%

↓解説動画

基本例題 6　細胞周期

➡ まとめ(p.28) 問題 29,30,31

図中の A ～ F は，細胞周期の各時期を模式的に示したものである。次の各問いに答えよ。

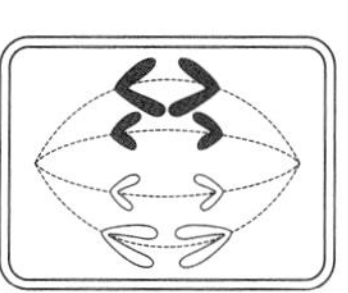
A

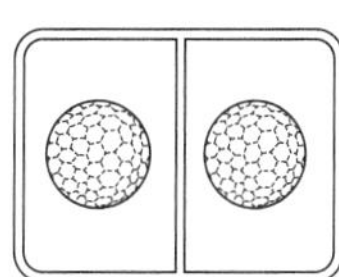
B

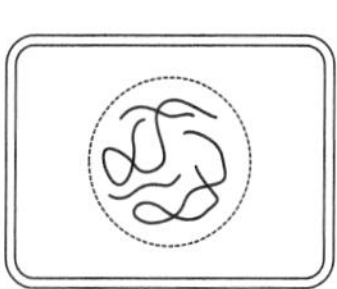
C

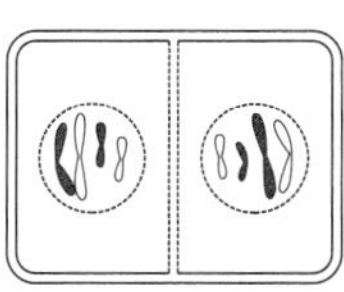
D

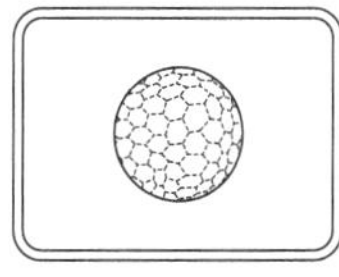
E

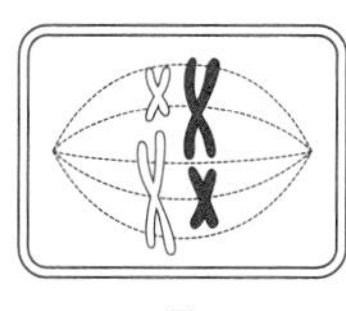
F

(1)　A ～ F を，E を最初にして細胞周期の進行する順に並び替えよ。

E→__________

(2)　A と F の時期の名称を答えよ。

A__________　F__________

(3)　DNA が複製されるのは間期のどの時期か答えよ。

____

解説　(1)，(2)細胞周期は，間期 (E) →前期 (C) →中期 (F) →後期 (A) →終期 (D) →間期 (B) の順に進行する。　(3)間期は，G_1 期 (DNA 合成準備期) → S 期 (DNA 合成期) → G_2 期 (分裂準備期) の順に進行する。

解答　(1)C→F→A→D→B　(2) A…後期　F…中期　(3) S 期 (DNA 合成期)

↓解説動画

基本例題 7　RNA の構造

➡ まとめ(p.29)
問題 34

タンパク質が合成される際，DNA の塩基配列は(　ア　)という物質の塩基配列に写し取られる。(　ア　)は DNA と同じく基本単位の(　イ　)が多数つながっている。(　ア　)にはいくつかの種類があり，タンパク質の(　ウ　)の種類や配列順序などを指定するものを(　エ　)といい，(　ウ　)と結合して(　エ　)へ運搬するものを(　オ　)という。

(1)　文中の(　　)に適する語を答えよ。

ア＿＿＿＿＿　イ＿＿＿＿＿

ウ＿＿＿＿＿　エ＿＿＿＿＿　オ＿＿＿＿＿

(2)　RNA を構成している糖の名称を答えよ。

＿＿＿＿＿

(3)　DNA にはなく，RNA にのみ存在する塩基の名称を答えよ。

＿＿＿＿＿

解説　(1) DNA の塩基配列の情報は，DNA → RNA →タンパク質の順に伝えられる。　(2)，(3) RNA も DNA と同じくヌクレオチドを基本単位として構成されているが，糖と一部の塩基が異なる。

解答　(1)ア…RNA　イ…ヌクレオチド　ウ…アミノ酸　エ…mRNA（伝令 RNA）　オ…tRNA（転移 RNA）　(2)リボース　(3)ウラシル

↓解説動画

基本例題 8　タンパク質の合成

➡ まとめ(p.30)
問題 35，37

生体を構成するタンパク質は，多数のアミノ酸が鎖状につながった分子である。タンパク質を構成するアミノ酸は(　ア　)種類あり，その種類や数，配列順序の違いによってさまざまなタンパク質ができる。アミノ酸を指定する mRNA の 3 つの塩基の並びは，(　イ　)と呼ばれる。RNA には(　ウ　)種類の塩基が存在するので，(　イ　)は，(　エ　)通り存在し，アミノ酸を指定する遺伝暗号となっている。また，(　イ　)に相補的に結合する tRNA の 3 つの塩基の並びを(　オ　)という。

(1)　文中の(　　)に適する語を答えよ。

ア＿＿＿＿＿　イ＿＿＿＿＿

ウ＿＿＿＿＿　エ＿＿＿＿＿　オ＿＿＿＿＿

(2)　遺伝情報は，DNA → RNA →タンパク質へと一方向に流れる原則がみられる。この原則を何というか。

＿＿＿＿＿

解説　(1)タンパク質の種類は，アミノ酸の種類や配列順序，総数によって決まる。mRNA によって指定されたアミノ酸を運んでくるのは tRNA である。4 種類の塩基 3 つの並びであるコドンには，$4 \times 4 \times 4 = 64$ 通りある。　(2)セントラルドグマとは，DNA－[転写]→ RNA－[翻訳]→タンパク質の流れのことをいう。

解答　(1)ア…20　イ…コドン　ウ…4　エ…64　オ…アンチコドン　(2)セントラルドグマ

基本問題

知識

21. 染色体と DNA，遺伝子の関係　染色体と DNA，および遺伝子に関する次の文中および図中の(　　)に適する語を答えよ。

ヒトの眼の色や植物の花の形など，生物にみられるさまざまな特徴は，(　ア　)と呼ばれる。また，(　ア　)を決め，親から子へ伝えられる情報を(　イ　)という。真核生物の染色体は(　ウ　)とタンパク質とからなり，(　エ　)内に存在する。(　ウ　)の一部が(　オ　)としての働きをもっており，ヒトでは，(　オ　)は約 2 万個ある。

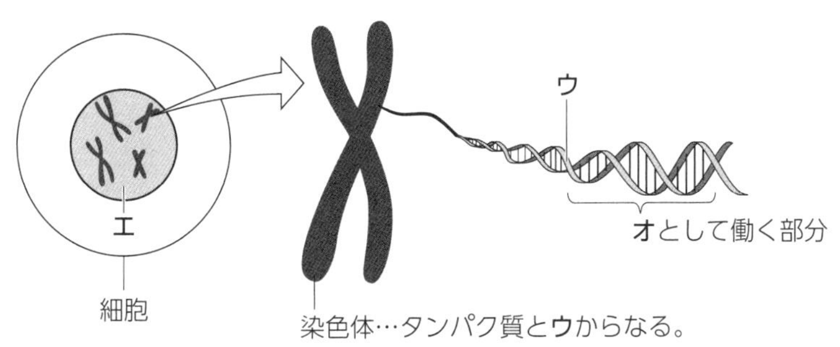

ア＿＿＿＿＿＿＿＿ イ＿＿＿＿＿＿＿＿ ウ＿＿＿＿＿＿＿＿

エ＿＿＿＿＿＿＿＿ オ＿＿＿＿＿＿＿＿

知識

22. DNA の基本単位　下の図は DNA を構成する基本単位を模式的に示したものである。この図に関する次の各問いに答えよ。

(1)　DNA の基本単位の名称を答えよ。

ア　イ　ウ（塩基）

(2)　図中のアの物質名を答えよ。

(3)　図中のイの糖の名称を答えよ。

(4)　図中のウにあたる塩基として正しいものを次の①～⑤のなかからすべて選び，番号で答えよ。

①　アデニン　②　チミン　③　ウラシル

④　シトシン　⑤　グアニン

(5)　この基本単位が並んで鎖状になるとき，図中のアと，隣り合う基本単位のどの物質がつながって鎖状になるか。ア～ウの記号で答えよ。

(6)　DNA を構成するもう一方の鎖と結合するのは，図中のア～ウのうちのどの物質か。記号で答えよ。

知識
23. DNAの構造　下の図は，DNAの構造を模式的に示したものである。この図に関する次の各問いに答えよ。

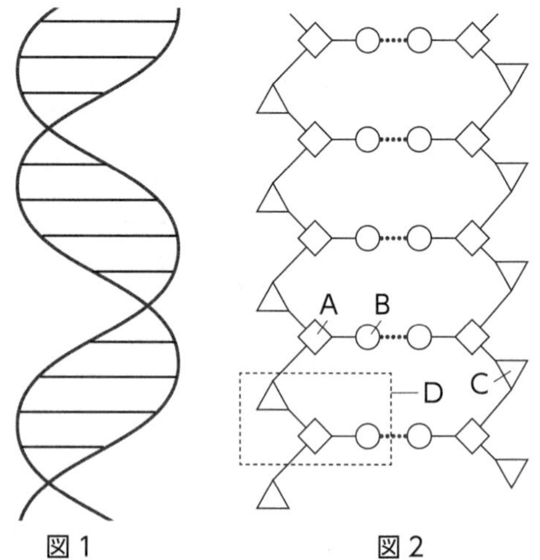

(1) 図1の模式図のようなDNAの構造の名称を答えよ。

(2) 図2中のA，B，Cの名称の組み合わせとして正しいものを次の①～③のなかから選び，番号で答えよ。

	A	B	C
①	リン酸	塩基	糖
②	塩基	糖	リン酸
③	糖	塩基	リン酸

(3) 図中のDで示される部分の名称を答えよ。

(4) 図1のようなDNAの構造を提唱した科学者の組み合わせとして正しいものを次の①～④のなかから選び，番号で答えよ。

①　ウィルキンスとシャルガフ　　②　グリフィスとエイブリー
③　ワトソンとクリック　　④　メンデルとフランクリン

(5) DNAの何が遺伝情報となっているか答えよ。

知識
24. 塩基の相補性　DNAの塩基に関する次の文章を読み，下の各問いに答えよ。

遺伝子の本体であるDNAは2本の鎖状の構造をもち，これがらせん状に結合している。塩基にはA，T，G，Cの4種類があり，その配列が遺伝情報となっている。二重らせん構造においては，Aと(　ア　)，Gと(　イ　)が相補的に結合している。

(1) 文中の(　　)に適する塩基をアルファベットで答えよ。

ア　　　　イ

(2) DNAの一方の鎖の塩基配列の一部が「ACGTATTCGGAA」のとき，これと対をなすもう一方の鎖の塩基配列を答えよ。

(3) 2本鎖DNAに含まれる塩基の数を次の①～⑦の式で計算したとき，すべての生物でその値が等しくなるものを4つ選び，番号で答えよ。

①　(Aの数＋Tの数)÷(Gの数＋Cの数)
②　(Aの数＋Cの数)÷(Tの数＋Gの数)
③　(Aの数＋Gの数)÷(Tの数＋Cの数)
④　Aの数÷Tの数　　⑤　Aの数÷Gの数
⑥　Gの数÷Cの数　　⑦　Tの数÷Cの数

知識 計算

25. DNA の塩基組成 次の表は，いろいろな生物の組織から得たDNA を構成する各塩基の割合を示している。下の各問いに答えよ。

	塩基(数値は全体に占める割合(%)を示す)			
	(ア)	(イ)	T	C
ヒトの肝臓	30.3	(ウ)	30.3	19.9
ニワトリの赤血球	28.8	20.5	29.2	(エ)
結核菌	15.1	34.9	(オ)	35.4

(1) 表中の(ア), (イ)に適する塩基をアルファベットで答えよ。

ア　イ

(2) 表中の(ウ)～(オ)に適する数値を次の①～⑤のなかからそれぞれ選べ。

① 21.5　② 30.1　③ 14.6　④ 25.8　⑤ 19.5

ウ　エ　オ

(3) ある生物からDNA を抽出し，各塩基の割合を調べたところ，T がG の1.5 倍含まれていた。このDNA のC の割合(%)を答えよ。

%

知識

26. DNA の研究史 遺伝子とその働きに関する次の文章を読み，下の各問いに答えよ。

19 世紀半ば，(ア)は，エンドウを用いた交配実験の結果から，概念としての遺伝子の存在を示した。彼の研究は，発表当時は無視されたが，20 世紀になって評価されるようになった。その後，DNA とタンパク質のどちらが遺伝子の本体であるのかが問題とされるようになった。

そこで，さまざまな実験が行われた。まず(イ)は，肺炎双球菌を用いた実験により形質転換という現象を発見し，次いでエイブリーらは形質転換を引き起こす物質がDNA であることを明らかにした。そして1952 年，ハーシーとチェイスは，大腸菌に感染して増殖する T_2 ファージというウイルスを用いて，遺伝子の本体がDNA であることを明らかにした。その後，1953 年には，(ウ)によってDNA の二重らせん構造が提唱された。

(1) 文中の( )に適する人名を次の①～⑥のなかからそれぞれ選び，番号で答えよ。

① ウィルキンスとフランクリン　② メンデル
③ ワトソンとクリック　④ グリフィス
⑤ ガードン　⑥ シャルガフ

ア　イ　ウ

(2) 次の文Ⅰ～Ⅲについて，DNA の構造として正しい記述を過不足なく含むものを次の①～④のなかから選び，番号で答えよ。

Ⅰ DNA の2 本のヌクレオチド鎖は，塩基の相補性にもとづいて結合している。

Ⅱ DNA のヌクレオチドの糖はデオキシリボースであり，塩基はアデニン，グアニン，シトシン，チミンである。

Ⅲ DNA のヌクレオチドでは，糖に塩基とリン酸が結合している。

① Ⅰ，Ⅱ　② Ⅰ，Ⅲ　③ Ⅱ，Ⅲ　④ Ⅰ，Ⅱ，Ⅲ

知識

27. 形質転換 遺伝子の本体を解明する実験について述べた次の文中の(　　)に適する語を，下の①～⑥のなかからそれぞれ選び，番号で答えよ。同じ番号を何度用いてもよい。

肺炎双球菌には，病原性のS型菌と非病原性のR型菌がある。グリフィスは，R型菌と，加熱殺菌したS型菌を混ぜてネズミに注射する実験を行った。すると，このネズミには病気の症状が現れ，その体内から生きた(　ア　)が見つかった。これは，死滅したS型菌の中の物質がR型菌の性質や特徴を変化させたために起こった現象であり，このような現象を(　イ　)という。また，エイブリーたちは，S型菌の抽出液に含まれるタンパク質を分解したり，DNAを分解したりして，それぞれR型菌と混ぜて培養する実験を行った。この結果，(　ウ　)を分解した抽出液を用いた実験では(　ア　)の出現が確認されたが，(　エ　)を分解した抽出液を用いた実験では確認されなかった。この実験結果から，形質転換を引き起こす物質は(　オ　)であると考えられた。

① R型菌　② S型菌　③ 形質転換
④ 分化　⑤ DNA　⑥ タンパク質

ア　イ　ウ
エ　オ

思考　実験 観察

28. ファージの増殖 ウイルスの一種であるT_2ファージは，タンパク質とDNAのみでできている。T_2ファージは大腸菌に感染するとDNAを大腸菌内に送り込む。その後，大腸菌内で，このDNAの遺伝情報にもとづいて多数の子ファージがつくられ，子ファージは大腸菌の細胞外に放出される。T_2ファージを用いて次の実験を行った。

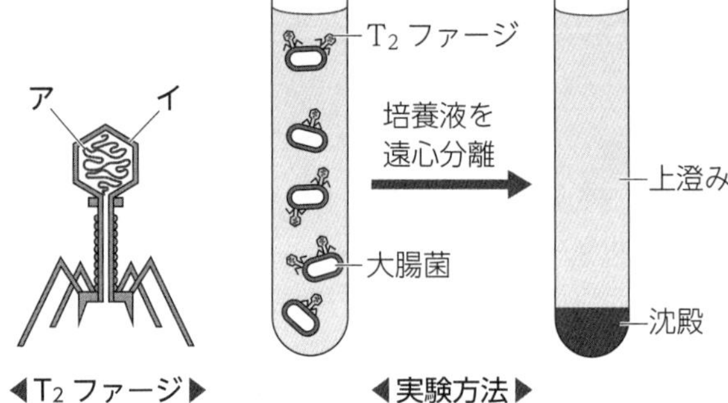

◀T_2ファージ▶　◀実験方法▶

実験 T_2ファージに感染させた大腸菌を含む培養液を遠心分離し，大腸菌を沈殿させた。得られた沈殿と上澄みのそれぞれについて，T_2ファージに由来するタンパク質とDNAの量を測定した。

(1) T_2ファージのタンパク質とDNAは，図中のア，イのどちらかそれぞれ答えよ。

タンパク質　DNA

(2) DNAの構成成分を過不足なく含むものを次の①～④のなかから選べ。

① アデニン，ウラシル，グアニン，シトシン　② リン酸，デオキシリボース，塩基
③ アデニン，チミン，グアニン，シトシン　④ リン酸，リボース，塩基

(3) 実験結果として，上澄みからはT_2ファージのタンパク質が，沈殿からはT_2ファージのDNAが多く検出されると推測された。しかし，実際には，沈殿からDNAとタンパク質の両方が多く検出され，上澄みからはどちらもほとんど検出されなかった。これは，遠心分離を行う前に行うべき操作が行われていないためだと考えられる。どのような操作を行えば，最初の推測通りの結果が得られると考えられるか。次の①～④のなかから選べ。

① ろ紙を用いてよくろ過する。　② DNA分解酵素を加える。
③ ミキサーで激しく撹拌する。　④ 氷冷したエタノールを加える。

知識

29. 細胞周期の過程　細胞周期に関する次の文章を読み，下の各問いに答えよ。

細胞周期は，(　ア　)期(DNA 合成準備期)，(　イ　)期(DNA 合成期)，(　ウ　)期(分裂準備期)，および(　エ　)期(分裂期)の４つの時期に分けられる。DNA 合成期では，核において DNA 合成が盛んに行われ，染色体の DNA が複製される。その後，複製された DNA は，分裂期を経て２個の娘細胞に均等に分配される。

(1)　文中の(　　)に適する語を次の①～④のなかからそれぞれ選び，番号で答えよ。

①　M　　②　S　　③　G_1　　④　G_2

ア　　イ　　ウ　　エ

(2)　下線部に関連して，下の図の A ～ D は動物細胞の分裂期の各時期における染色体のようすを模式的に示したものである。分裂準備期に続いて分裂期が進む順に A ～ D を並べよ。また，各時期の名称を答えよ。

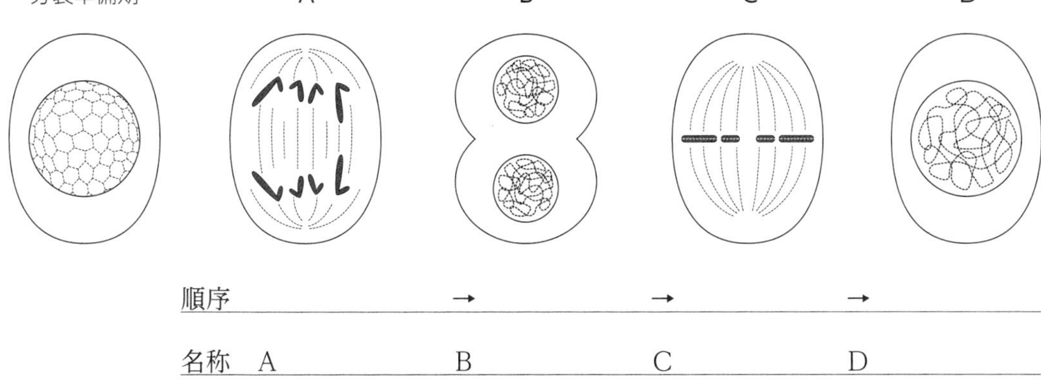

順序　　→　　→　　→

名称　A　　B　　C　　D

知識　作図

30. 細胞周期と DNA 量の変化　体細胞分裂に関する次の文章を読み，下の各問いに答えよ。

ヒトのからだをつくる細胞は，受精卵という１個の細胞が体細胞分裂をくり返しながらふえていったもので，どの細胞にも同じ DNA の遺伝情報が受け継がれている。DNA は，間期に複製され，体細胞分裂を経て，分裂後の細胞に均等に分配される。

(1)　体細胞分裂をくり返す細胞において，分裂が終わってから次の分裂が終わるまでを細胞周期という。この細胞周期は，G_1 期，S 期，G_2 期，M 期(分裂期)に分かれる。このうち，G_1 期，S 期，G_2 期をまとめて何期というか答えよ。

(2)　体細胞分裂のようすを観察するのに適した材料を，次の①～④のなかから選べ。

①　ヒトの口腔粘膜上皮
②　タマネギの鱗片葉
③　オオカナダモの葉
④　タマネギの根端

(3)　右のグラフは，細胞周期における細胞当たりの DNA 量の相対値の変化を途中まで示したものである。このグラフを完成させよ。

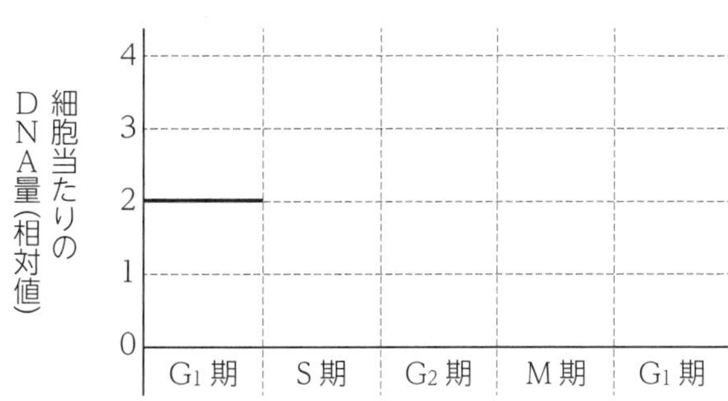

知識

31. 細胞周期　細胞周期に関する次の文を読み，下の各問いに答えよ。

右の図はタマネギの根端細胞の細胞周期の過程を示しており，図中の矢印の向きは細胞周期の進む方向を表している。

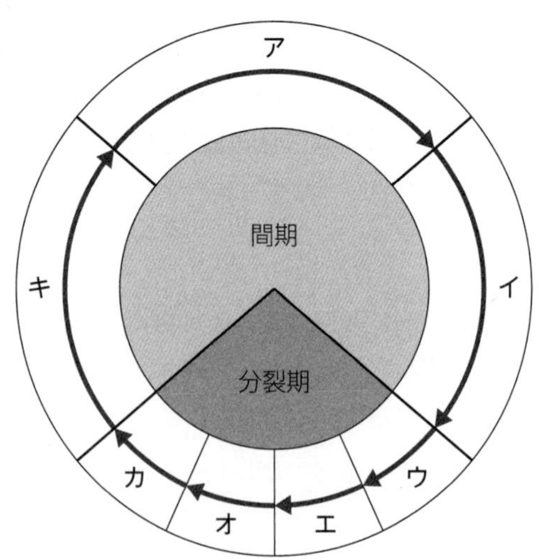

(1)　G_1 期と G_2 期を図中のア～キから選び，記号で答えよ。

G_1 期　　　　G_2 期

(2)　細胞周期におけるS期とはどのような時期か，説明せよ。

(3)　タマネギの根端細胞を固定して顕微鏡観察を行ったとき，数多く観察されるのは，間期と分裂期のうちどちらの時期の細胞か。

知識　実験 観察

32. 細胞周期の観察　体細胞分裂の過程を観察するため，伸長中のタマネギの根を使用して次の手順でプレパラートを作製した。

Ⅰ　長さ約 1 cm の数本の根を 45%(　ア　)に 5 分間浸す。

Ⅱ　取り出した根を 60℃の(　イ　)に 20 秒間浸す。

Ⅲ　根端をスライドガラスに載せ，先端部分 (約 2 mm) を残し，他の部分を切り捨てる。

Ⅳ　先端部分に(　ウ　)を滴下して約 10 分間おく。

Ⅴ　カバーガラスをかけ，その上にろ紙をかぶせて真上から親指で強く押す。

このプレパラートを光学顕微鏡で観察したところ，数多くの細胞が確認され，その一部に染色体の形の違いが認められた。

(1)　文中の(　　)に適する薬品名を次の①～⑤のなかからそれぞれ選び，番号で答えよ。

①　酢酸カーミン溶液　　②　水酸化ナトリウム　　③　希塩酸

④　酢酸　　⑤　塩化カリウム

ア　　イ　　ウ

(2)　上の文Ⅰの処理はどのような目的で行うか。簡潔に答えよ。

(3)　上の文Ⅱの処理はどのような目的で行うか。簡潔に答えよ。

(4)　文Ⅲについて，a：先端部分の細胞とb：切り捨てた他の部分の細胞の大きさを比較すると，どのような関係を示すか。次の①～④のなかから選び，番号で答えよ。なお，不等号は大きさの違いを示す。

①　a < b　　②　a = b　　③　a > b　　④　大きさに規則性はない

知識

33. 塩基配列とアミノ酸配列 下の表の①～③は，ある遺伝子としての働きをもつDNAの塩基配列の一部と，その塩基配列によって決定されるアミノ酸配列を示している。表にもとづいてDNAの塩基配列とタンパク質のアミノ酸配列の関係について考えたとき，アミノ酸のグリシン，チロシン，ロイシンを決定するDNAの塩基配列をそれぞれ答えよ。なお，DNAの3つの塩基の並びが1つのアミノ酸を決定する。

	DNAの塩基配列	アミノ酸配列
①	GGGGGGGGG	グリシン　グリシン　グリシン
②	GGGTATGGG	グリシン　チロシン　グリシン
③	CTAGGGGGG	ロイシン　グリシン　グリシン

グリシン＿＿＿＿

チロシン＿＿＿＿

ロイシン＿＿＿＿

知識

34. DNAとRNA 右の図はDNAとRNAを構成する基本単位を示している。この図に関する次の各問いに答えよ。

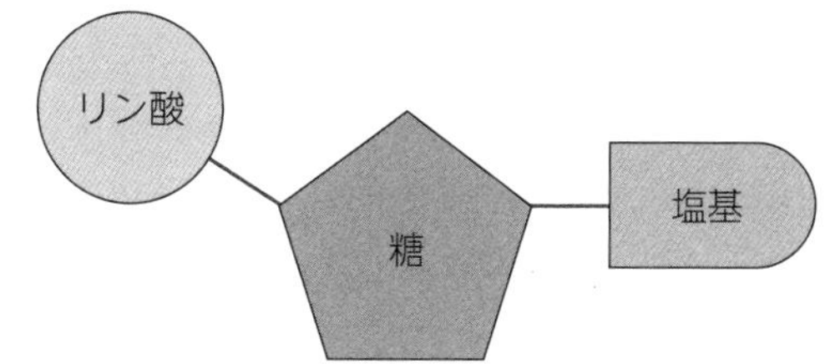

(1) この基本単位を何というか答えよ。

＿＿＿＿

(2) DNAとRNAの糖の名称をそれぞれ答えよ。

DNA＿＿＿＿ RNA＿＿＿＿

(3) DNAとRNAの4種類の塩基を，それぞれ記号で答えよ。

DNA＿＿＿＿ RNA＿＿＿＿

(4) 次の文Ⅰ～Ⅶについて，DNAだけに当てはまる特徴にはアを，RNAだけに当てはまる特徴にはイを，DNAとRNAの両方に当てはまる特徴にはウを，DNAにもRNAにも当てはまらない特徴にはエを，それぞれ答えよ。

Ⅰ　ATPと同じ糖をもつ。
Ⅱ　タンパク質とともに，染色体を構成する。
Ⅲ　二重らせん構造をしている。
Ⅳ　グアニンとシトシンが相補的に結合する。
Ⅴ　遺伝子の本体である。
Ⅵ　2本のヌクレオチド鎖は，アミノ酸どうしの結合によってつながっている。
Ⅶ　細胞内では，通常は3本鎖として存在する。

Ⅰ＿＿ Ⅱ＿＿ Ⅲ＿＿ Ⅳ＿＿ Ⅴ＿＿ Ⅵ＿＿ Ⅶ＿＿

(5) RNAにはいくつかの種類があり，それぞれ異なる特徴をもっている。次のa，bの特徴をもつRNAの名称をそれぞれ答えよ。

a　タンパク質のアミノ酸の種類や配列順序，総数を指定する。
b　アミノ酸と結合し，コドンに相補的に結合する塩基配列をもつ。

a＿＿＿＿ b＿＿＿＿

知識
35. 遺伝情報の流れ　次の図に関する下の各問いに答えよ。

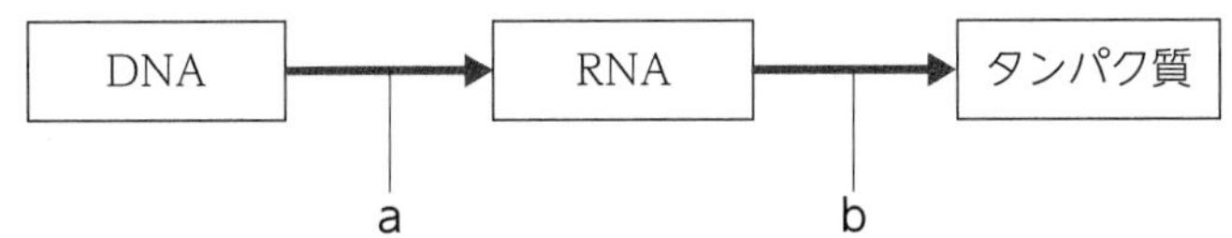

(1) 図は，遺伝情報がDNAからタンパク質へと一方向に流れるという原則を表している。この原則を何というか答えよ。

(2) 図中のa，bの過程を表す適当な語を，それぞれ答えよ。

a　　　b

(3) 図中のbの過程について，次の文中の(　　)に適する語を下の①～⑤のなかからそれぞれ選び，番号で答えよ。

mRNAにおいて，1つのアミノ酸を指定する3つの塩基の並びを(　ア　)という。これに対し,(　ア　)に相補的に結合するtRNAの3つの塩基の並びを(　イ　)という。tRNAは,(　イ　)と対応したアミノ酸をmRNAへ運ぶ。遺伝子のDNAの塩基配列が転写されたり,タンパク質に翻訳されたりすることを，遺伝子の(　ウ　)という。

①　コドン　　②　アンチコドン　　③　発生　　④　発現　　⑤　形質転換

ア　　イ　　ウ

知識
36. RNAの合成　下の図は，遺伝情報にもとづいてタンパク質が合成されるときに，必ずたどる過程の1つを示している。次の各問いに答えよ。

(1) 図で示した過程を何というか答えよ。

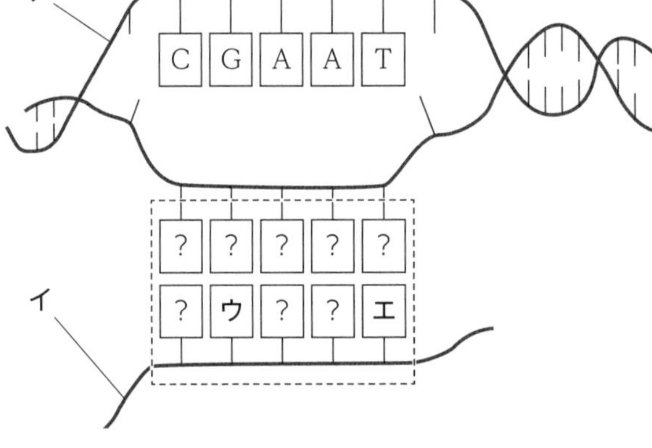

(2) 図中のア，イに適する語を次の①～④のなかからそれぞれ選び，番号で答えよ。

①　アミノ酸
②　ポリペプチド
③　DNA
④　RNA

ア
イ

(3) 図中のイのヌクレオチド鎖に存在するウとエの塩基として適するものを，次の①～⑤のなかからそれぞれ選び，番号で答えよ。なお，図中の破線で囲んだ部分で，塩基どうしが相補的に結合しているものとする。

①　A　　②　C　　③　G　　④　T　　⑤　U

ウ　　エ

(4) イの一部を取り出すと，塩基が63個であった。この部分は，最大で何個のアミノ酸を指定すると考えられるか。

個

思考

37. 翻訳 下の図は真核細胞でのタンパク質合成のようすを示している。次の各問いに答えよ。

(1) 図中のア～オに適する語を次の①～⑧のなかからそれぞれ選び，番号で答えよ。ただし，破線で囲んだウはエの一部である。

① tRNA　② mRNA
③ アンチコドン　④ コドン
⑤ タンパク質　⑥ アミノ酸
⑦ ヌクレオチド　⑧ DNA

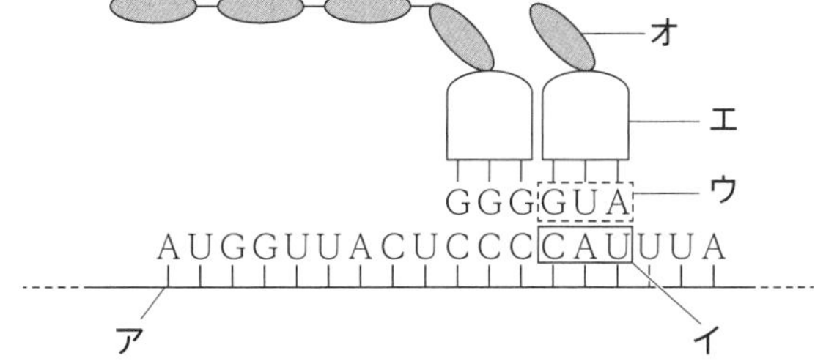

ア　イ　ウ　エ　オ

(2) 下の表は，mRNA の塩基配列とそれに対応するアミノ酸配列である。ある遺伝子として働く DNA の，RNA に写し取られるヌクレオチド鎖の塩基配列の一部が AAATATATAAAT であるとする。下表を参考に，この配列によって指定されるアミノ酸配列を答えよ。なお，上に記した DNA の塩基配列の左端から順に，すべての塩基がアミノ酸の指定に関わるものとする。

mRNAの塩基配列の一部	mRNA によって指定されるアミノ酸配列
UUUUUUUUUUUU	フェニルアラニン―フェニルアラニン―フェニルアラニン―フェニルアラニン
UAUAUAUAUAUA	チロシン ― イソロイシン ― チロシン ― イソロイシン
UUAUUAUUAUUA	ロイシン ― ロイシン ― ロイシン ― ロイシン

知識

38. ゲノム ゲノムに関する次の文章を読み，下の各問いに答えよ。

ヒトゲノムは約(　ア　)個の塩基対からなり，そのすべての DNA の長さを合計すると約 1 (　イ　)になる。1 組のヒトゲノムは(　ウ　)の染色体からなる。ヒトゲノムに含まれる遺伝子は約(　エ　)個と推定されている。また，ヒトゲノム DNA のうちタンパク質に翻訳される部分は，約(　オ　)%と推定されている。

(1) 文中の(　ア　)に入る数値として最も適切なものを，次の①～④のなかから選べ。
① 23 億　② 30 億　③ 46 億　④ 60 億

(2) 文中の(　イ　)に入る単位として最も適切なものを，次の①～⑤のなかから選べ。
① nm　② μm　③ mm　④ cm　⑤ m

(3) 文中の(　ウ　)に入る語として最も適切なものを，次の①～⑥のなかから選べ。
① 23 本　② 23 対　③ 30 本　④ 30 対　⑤ 46 本　⑥ 46 対

(4) 文中の(　エ　)に入る数値として最も適切なものを，次の①～④のなかから選べ。
① 5000　② 10000　③ 20000　④ 30000

(5) 文中の(　オ　)に入る数値として最も適切なものを，次の①～④のなかから選べ。
① 0.15　② 1.5　③ 15　④ 99

知識 計算

39. ゲノムとDNA DNAの二重らせん構造は，下の図のように10塩基対でらせんが一回転する構造になっており，10塩基対の長さは3.4nmである。ヒトのゲノムが30億塩基対であるとして，次の各問いに答えよ。

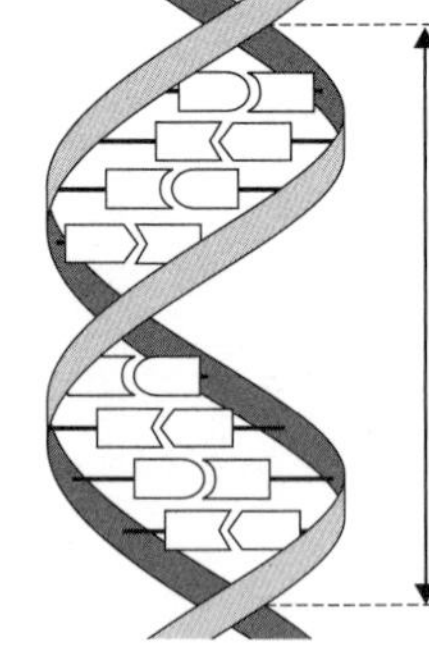

(1) ヒトの1個の体細胞中の染色体に含まれる全DNAの長さとして最も適当なものを，次の①～⑧のなかから選べ。

① 2.0mm ② 10mm ③ 15mm
④ 20mm ⑤ 100mm ⑥ 200mm
⑦ 1.0m ⑧ 2.0m

(2) ヒトのタンパク質の平均アミノ酸数として最も適当なものを，次の①～⑨のなかから選べ。なお，翻訳される塩基配列はゲノム全体の1.5%，遺伝子数は20000個とし，1つの遺伝子から1種類のタンパク質がつくられるものとする。

① 150 ② 250 ③ 350 ④ 450 ⑤ 550
⑥ 650 ⑦ 750 ⑧ 850 ⑨ 950

知識

40. 遺伝子の発現 遺伝情報に関する次の文章を読み，下の各問いに答えよ。

DNAの塩基配列はタンパク質の(　ア　)を決めている。ヒトのゲノムのDNAは，細胞の(　イ　)の中に存在する。また，ヒトのからだを構成するすべての細胞は，1個の受精卵をもとに分裂をくり返した結果生じたものであり，基本的に同じゲノムをもつ。しかし，ヒトの細胞は，赤血球，aすい臓のランゲルハンス島B細胞，皮膚の細胞，b眼の水晶体の細胞など，それぞれ異なった形態と機能をもっている。このように，細胞が特定の形態や機能をもつようになることを(　ウ　)という。

(1) 文中の(　ア　)，(　イ　)に当てはまる語の最も適切な組み合わせを次の①～④のなかから選び，番号で答えよ。

	ア	イ
①	アミノ酸配列	細胞質基質
②	アミノ酸配列	核
③	脂肪酸配列	細胞質基質
④	脂肪酸配列	核

(2) 文中の(　ウ　)に当てはまる最も適切な語を次の①～⑥のなかから選び，番号で答えよ。

① 転写 ② 翻訳 ③ ペプチド
④ ホメオスタシス ⑤ パフ ⑥ 分化

(3) 下線部aおよび下線部bで発現していると考えられるタンパク質はそれぞれどれか。最も適切な組み合わせを次の①～④のなかから選び，番号で答えよ。

	a	b
①	コラーゲン	ケラチン
②	コラーゲン	クリスタリン
③	インスリン	ケラチン
④	インスリン	クリスタリン

知識

41. ゲノムと遺伝子 ゲノムと遺伝子に関する次の各問いに答えよ。

(1) 次の①～④のなかから正しいものを選び，番号で答えよ。

① ある生物がもつ遺伝情報のうち，タンパク質の情報をもつ部分を抜き出したものをゲノムという。

② 体細胞分裂では，間期の G_2 期に，ゲノムを構成するDNAと同じ情報をもつDNAが複製され，細胞1個当たりに含まれるDNA量が2倍になる。

③ 原核生物では，ふつう，ゲノム中で翻訳されない部分の割合は真核生物より少ない。

④ 多細胞生物においては，一個体のなかでも，細胞の種類が異なるとゲノムも異なる。

______

(2) ヒトのゲノムについて述べた次の文Ⅰ，Ⅱの下線部の数字を正しいものに直せ。

Ⅰ ヒトの場合，生殖細胞に含まれる<u>46</u>本の染色体に存在する全遺伝情報がゲノムである。

Ⅱ ヒトのゲノムのうち，実際に翻訳される部分は約<u>15</u>%である。

Ⅰ______ Ⅱ______

知識

42. だ腺染色体 下の図は，だ腺染色体を模式的に示したものである。この図に関する次の各問いに答えよ。

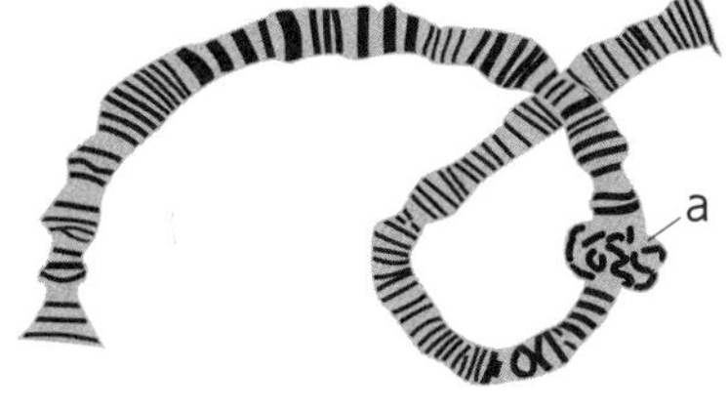

(1) ユスリカなどの幼虫にみられるだ腺染色体は，ふつうの体細胞において細胞分裂の際に観察される染色体の約何倍の大きさか。最も適切な数値を次の①～④のなかから選べ。

① 2倍　② 20倍

③ 200倍　④ 2000倍

______

(2) だ腺染色体が巨大なのは，どのような理由によるものか。最も適切な説明を次の①～④のなかから選べ。

① 染色体に多量のタンパク質が結合しているため。

② くり返し複製された染色体が分離しなかったため。

③ 染色体でタンパク質の合成が盛んに起こっているため。

④ 染色体全体に脂肪が結合したため。

______

(3) だ腺染色体には，酢酸カーミン溶液などでよく染まる多数のしま模様がみられる。このしま模様の部分は何の位置の目安になると考えられているか答えよ。

______

(4) だ腺染色体には，一部に，図中のａのような膨らんだ部分が存在する。(ア)この部分の名称を答えよ。また，(イ)この部分では何が盛んに起こっているか答えよ。

ア______ イ______

(5) ユスリカの幼虫のような巨大なだ腺染色体をもつものを，次の①～④のなかから選べ。

① トノサマバッタの幼虫　② モンシロチョウの幼虫

③ カブトムシの幼虫　④ キイロショウジョウバエの幼虫

______

↓解説動画

標準例題 2　細胞周期

➡ 問題 44

生体を構成する細胞は，体細胞分裂によって増加する。体細胞分裂をくり返す細胞では，分裂が終わってから次の分裂が終わるまでの過程を細胞周期というが，1 回の細胞周期やそのなかの各時期の長さは，生物種や細胞種によって大きく異なる。

培養細胞を一定数入れたペトリ皿を複数用意し，同時に培養を開始した。培養開始から 24 時間後，および 96 時間後に，それぞれのペトリ皿に含まれる全細胞数を計測した結果，表のようになった。また，培養開始から 48 時間後のペトリ皿からすべての細胞を回収して個々の細胞内の DNA 量を調べ，細胞当たりの DNA 量(相対値)と，その割合(%)の関係をまとめた結果，図のようになった。個々の細胞は他の細胞とは関係なく分裂するものとして，次の各問いに答えよ。

培養を開始してからの時間(時間)	24	96
細胞数（$\times 10^5$ 個）	2	32

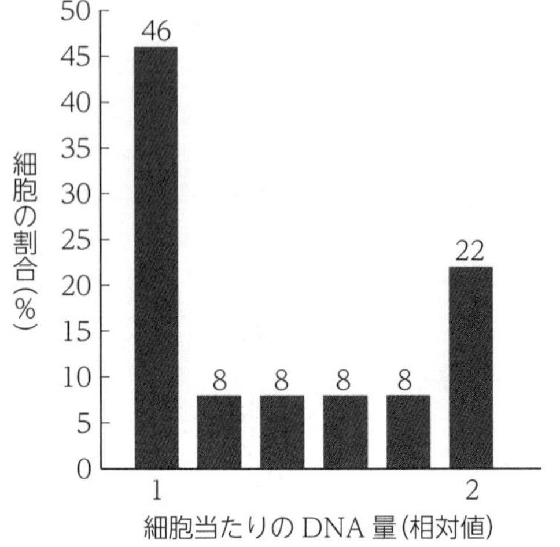

(1)　表の結果をもとに，この培養細胞の細胞周期の長さ(時間)を答えよ。

＿＿＿＿＿時間

(2)　図の結果をもとに，S 期と G_2 期の各時期にかかる長さ(時間)を求めよ。なお，この培養細胞の M 期は 1 時間とする。小数第二位を四捨五入して，小数第一位までで答えよ。

S 期＿＿＿＿＿時間　G_2 期＿＿＿＿＿時間

Assist　「細胞当たりの DNA 量 = 1」の細胞は G_1 期であり，「1 < DNA 量 < 2」の細胞は (a　　　　)期，「DNA 量 = 2」の細胞は (b　　　　)期と (c　　　　)期の細胞である。

（20　広島修道大）

解説　(1)表より，培養開始から 24 時間後と 96 時間後を比べると，細胞数は 16 ($= 2^4$) 倍になっている。すなわち，細胞は 4 回分裂している。4 回の分裂に $96 - 24 = 72$ (時間) かかっているので，1 回の分裂にかかる時間は，$72 \div 4 = 18$ (時間)。
(2)各時期に要する時間と，観察された細胞数は比例するので，S 期の時間は $X : 18 = 32 : 100$ で求められる。また，G_2 期とM期の合計の時間は，$(Y + 1) : 18 = 22 : 100$ で求められる。

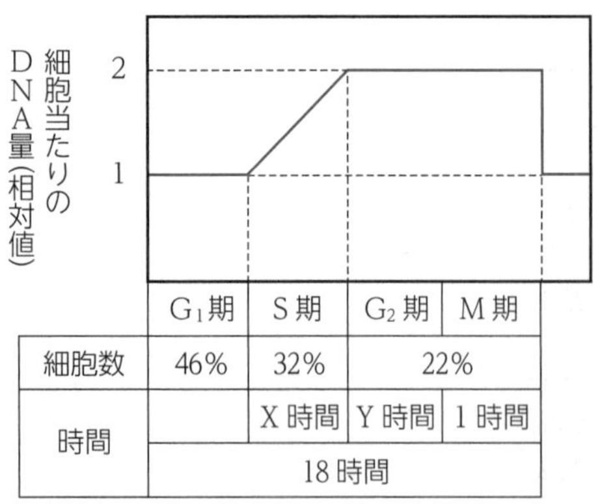

	G_1 期	S 期	G_2 期	M 期
細胞数	46%	32%	22%	
時間		X 時間	Y 時間	1 時間
	18 時間			

解答　(1) 18 時間　(2) S 期…5.8 時間　G_2 期…3.0 時間
Assist　a…S　b, c…G_2，M（順不同）

↓解説動画

標準例題 3　遺伝情報の発現

➡ 問題 45

下の塩基配列は，細菌 X のあるタンパク質の最初の部分を指定する DNA の 2 本のヌクレオチド鎖のうち，鋳型とならない鎖を示したものである。これについて次の各問いに答えよ。

タンパク質合成の進行する方向 ⟶

ATGAATCGGTTAGT……

(1) 右の表を用いて，上の DNA から合成されるタンパク質の，最初の 3 つのアミノ酸配列を答えよ。ただし，タンパク質合成は左から右に進行し，すべての塩基配列がアミノ酸に変換されるものとする。

1番目の塩基	2番目の塩基				3番目の塩基
	U	C	A	G	
U	フェニルアラニン	セリン	チロシン	システイン	U
	フェニルアラニン	セリン	チロシン	システイン	C
	ロイシン	セリン	（終止）	（終止）	A
	ロイシン	セリン	（終止）	トリプトファン	G
C	ロイシン	プロリン	ヒスチジン	アルギニン	U
	ロイシン	プロリン	ヒスチジン	アルギニン	C
	ロイシン	プロリン	グルタミン	アルギニン	A
	ロイシン	プロリン	グルタミン	アルギニン	G
A	イソロイシン	トレオニン	アスパラギン	セリン	U
	イソロイシン	トレオニン	アスパラギン	セリン	C
	イソロイシン	トレオニン	リシン	アルギニン	A
	メチオニン(開始)	トレオニン	リシン	アルギニン	G
G	バリン	アラニン	アスパラギン酸	グリシン	U
	バリン	アラニン	アスパラギン酸	グリシン	C
	バリン	アラニン	グルタミン酸	グリシン	A
	バリン	アラニン	グルタミン酸	グリシン	G

(2) 上の DNA の，左から 7 番目の塩基が C ではなく A だった場合，合成されるタンパク質はどのようになるか。80 字以内で答えよ。

Assist DNA の 7 番目の塩基が C ではなく A だったとすると，3 つ目のアミノ酸を指定する mRNA の塩基配列が「(　　　　)・G・G」となる。

(19　名城大　改題)

解説 (1) DNA の鋳型となる鎖は，鋳型とならない鎖に相補的なので，TACTTAGCCAATCA となる。mRNA の塩基配列は，鋳型となる鎖と相補的なので，AUGAAUCGGUUAGU となる。なお，この mRNA の塩基配列は，鋳型とならない鎖の T を U に変えたものと同じになる。 (2) 3 つ目のアミノ酸を決定する遺伝暗号は，C の場合は CGG，A の場合は AGG であり，ともにアルギニンを指定する。

解答 (1)メチオニン，アスパラギン，アルギニン　(2) 3 つ目のアミノ酸を決定する mRNA の塩基配列が AGG となるが，指定されるアミノ酸は C の場合と同じアルギニンであるため，合成されるタンパク質に変化はない。(76 字)　Assist　A

標準問題

思考

43. DNAの複製　次の文章を読み，下の各問いに答えよ。

DNAの複製がどのように起こるのかについては，図1のような3つのモデルが提唱されていた。第一に，一方のDNA鎖を鋳型として，もう一方のDNA鎖を新たに複製するAモデルである。第二に，元の2本鎖DNAを保存して，新たに2本鎖DNAを複製するBモデルである。第三に，元のDNA鎖と新たなDNA鎖がモザイク状につなぎあわされて複製するCモデルである。メセルソンとスタールは，通常の窒素(^{14}N)よりも重い窒素同位体(^{15}N)を使い，密度勾配遠心分離法で^{14}Nと^{15}Nを含む大腸菌のDNAを分ける実験を行い，この複製モデルの謎をひもといた。なお，複製の際，窒素はDNAに構成材料として取り込まれる。

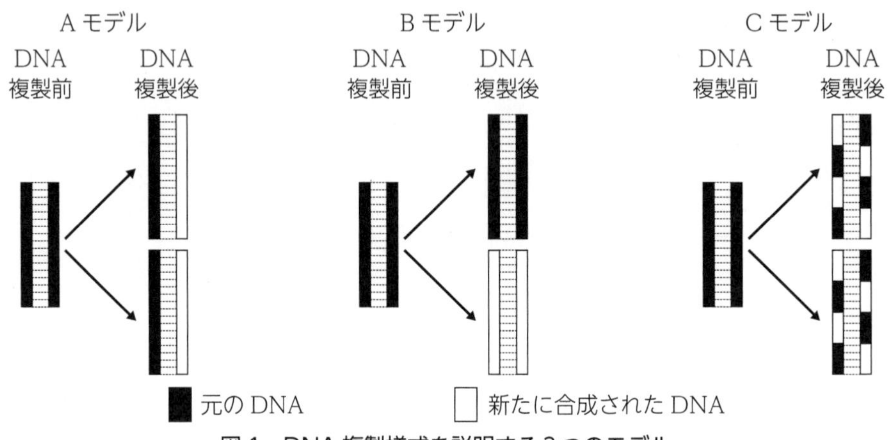

図1　DNA複製様式を説明する3つのモデル

実験　^{15}Nのみを窒素源として含む培地で大腸菌を培養して，大腸菌内の窒素を全て^{15}Nに置き換えたのち，^{14}Nのみを窒素源として含む培地に移して培養を続けた。その後，1回分裂した大腸菌と2回分裂した大腸菌からそれぞれDNAを抽出して，密度勾配遠心分離を行ったところ，図2のような結果を得た。

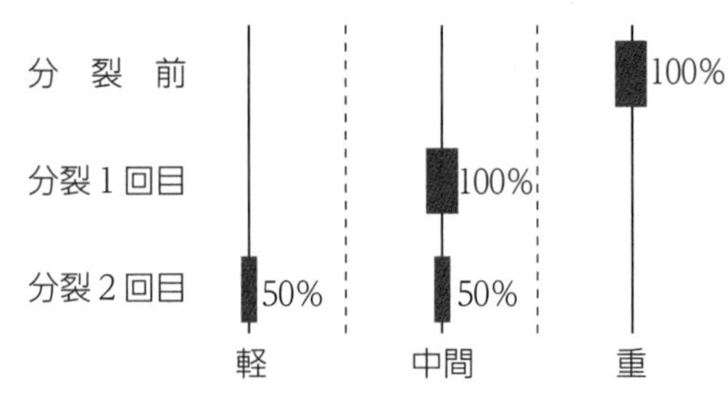

図2　密度勾配遠心分離法で分離したDNAの重さと割合を示した模式図

この図は，縦に分裂回数を，横に重さを示したものである。図中の太い棒は，各世代でのDNAの重さを位置で，その割合を太さで示したものである。

(1)　図2の実験結果から，A～Cのどのモデルが適切と考えられるか。

＿＿＿＿＿＿

(2)　(1)で答えたモデルにおいて，分裂4回目，5回目における大腸菌のDNAの量の比を，軽：中間：重で答えよ。

4回目　　：　　：　　　5回目　　：　　：

(20　九州工業大　改題)

ヒント　(1)分裂2回目で，重いDNAは存在せず，軽いDNAと中間の重さのDNAが1:1で現れている。

思考 計算 論述

44. 細胞周期 次の文章を読み，下の各問いに答えよ。

ある動物の細胞の細胞周期を調べるために，組織から細胞をペトリ皿２枚に取り出し，増殖に適した環境下で培養して次の実験を行った。まず，１枚のペトリ皿について，培養中の細胞を一定時間ごとに継続して，光学顕微鏡で全細胞数を計測した(図１)。また，もう１枚のペトリ皿では，一定時間ごとに無作為に細胞を選び，別のペトリ皿に移して固定液で処理した後，染色液で核を染色して，分裂期の細胞を調べた。次に，細胞当たりのDNA量と細胞数の関係を調べた(図２)。なお，個々の細胞は，他の細胞とは無関係に分裂するものとする。

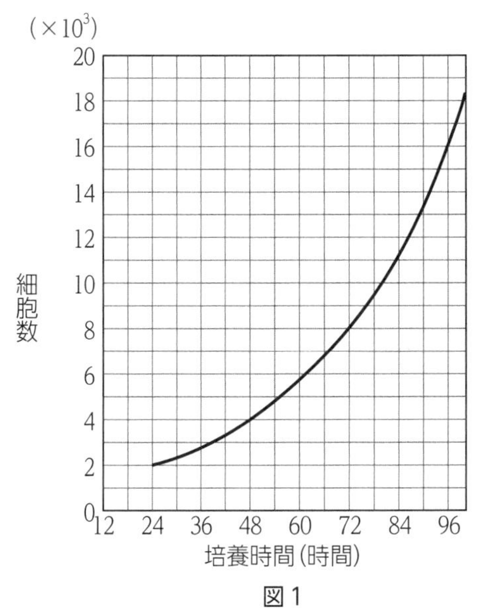

図１

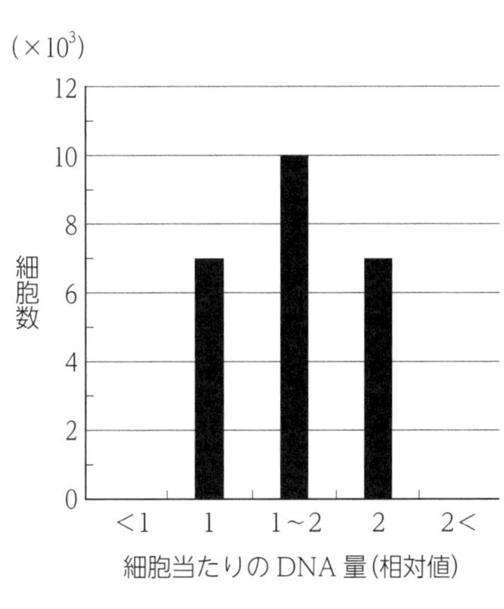

図２

(1) 下線部に関して，このとき用いられる染色液として適当なものを１つ答えよ。

(2) 光学顕微鏡下において，間期の細胞と分裂期の細胞とはどのように区別できるか。染色体に着目して40字以内で説明せよ。

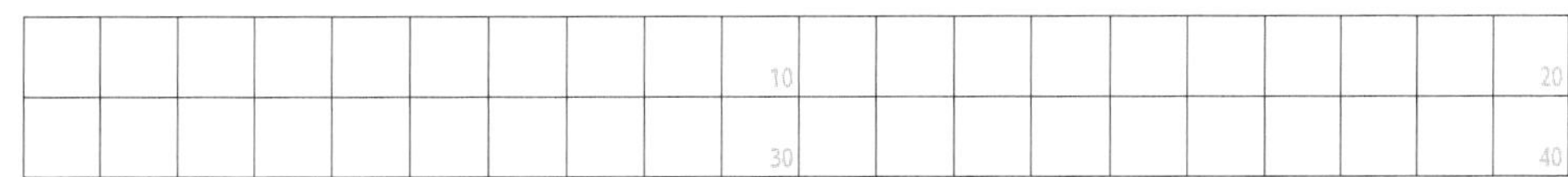

(3) この動物細胞の１細胞周期の長さは何時間か答えよ。

時間

(4) 固定液で処理した細胞を観察したところ，1200個当たり75個の細胞が分裂期であった。この結果から，分裂期の長さは何時間と考えられるか答えよ。

時間

(5) G_1期，S期，G_2期の長さはそれぞれ何時間か答えよ。

G_1期　　時間　S期　　時間　G_2期　　時間

(19 宮城大 改題)

ヒント (5) DNA量が２の細胞には，G_2期の細胞とM期の細胞が含まれる。

思考

45. 遺伝暗号の解読　次の文章を読み，下の各問いに答えよ。

1961年に，ニーレンバーグらは，大腸菌の抽出液(タンパク質合成に必要なものを全て含む)に特定の配列の合成RNAを加え，試験管内で翻訳を再現する実験を行った。ウラシルだけが連続する合成RNA(塩基配列：…UUUU…)を加えた場合は，フェニルアラニン(Phe)が連続したポリペプチドが合成された。このことから，UUUがフェニルアラニンを指定するコドンであることがわかった。

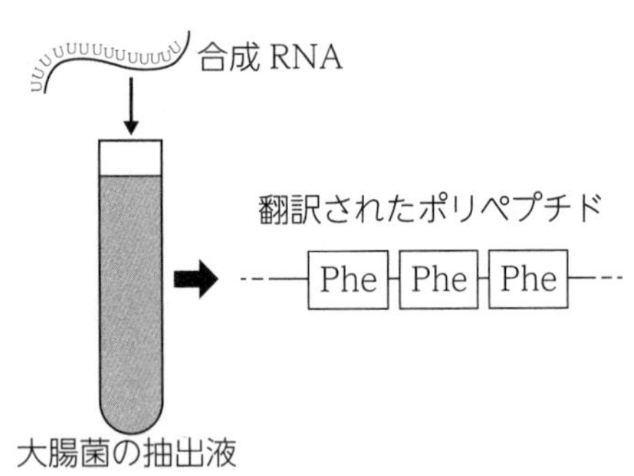

続いてコラーナらは同じ条件で，次の2つの実験を行った。

実験1　ウラシルとグアニンの2つの塩基が交互にくり返した合成RNA(塩基配列：…UGUGUG…)を加えた場合は，バリンとシステインが交互に連結したポリペプチドが合成されることを発見した。

実験2　UGGをくり返した合成RNA(塩基配列：…UGGUGGUGG…)を加えた場合は，トリプトファンのみが連結したポリペプチド，グリシンのみが連結したポリペプチド，およびバリンのみが連結したポリペプチドが合成されることを発見した。

(1)　この試験管内で起こる翻訳に必須の反応として最も適当なものを次の①～⑤のなかから選び，番号で答えよ。

① DNAの複製
② DNAからのmRNA合成
③ RNAからのDNA合成
④ 合成RNAとアミノ酸の結合
⑤ tRNAのアンチコドンと合成RNAのコドンの結合

(2)　コドンと翻訳に関する説明として最も適当なものを次の①～⑤のなかから選び，番号で答えよ。

① 全部で20種類のコドンがある。
② 翻訳の終わりは終止コドンが指定する。
③ コドンには4つの塩基配列で決まるものもある。
④ 翻訳の開始コドンは，プロリンというアミノ酸を指定する。
⑤ 遺伝暗号表(コドン表)は真核生物と原核生物では全く異なっている。

(3)　実験1と実験2の結果から予想されるバリンとシステインを指定するコドンの組み合わせを，次の①～⑤のなかから選び，番号で答えよ。

	①	②	③	④	⑤
バリン	GGU	UGU	GUG	GUG	GGU
システイン	UGU	GUG	UGU	GGU	GUG

(20　防衛医科大　改題)

ヒント　(3)実験1の実験結果より，UGUとGUGのコドンは，それぞれバリンとシステインのいずれかを指定しているとわかる。同様に実験2の実験結果から，コドンとアミノ酸の対応を考える。

知識 計算

46. 遺伝子とゲノム　遺伝子とゲノムに関する次の各問いに答えよ。

(1) あるDNAの2本鎖に含まれる全塩基に占めるアデニンの割合が27%であった。このDNAにおけるシトシンの割合は何%か。最も適当なものを，次の①～④のなかから選び，番号で答えよ。

① 23 %　② 27 %　③ 46 %　④ 73 %

(2) 約 6.5×10^6 個の塩基が含まれているDNAの1本のヌクレオチド鎖がある。ヌクレオチド鎖の隣り合った塩基間の距離を0.34 nm（$1\text{nm} = 10^{-3}\ \mu\text{m}$）とすれば，このDNAの長さは何μmになるか。最も適当なものを次の①～⑥のなかから選び，番号で答えよ。なお，下の選択肢は，小数第二位を四捨五入している。

① 2.2×10^{-3} μm　② 2.2×10^{3} μm　③ 2.2×10^{6} μm
④ 4.4×10^{-3} μm　⑤ 4.4×10^{3} μm　⑥ 4.4×10^{6} μm

(3) DNAの各塩基の割合を A，T，G，C で表すとき，すべての生物でほぼ等しくなるもののみを含んだものはどれか。最も適当なものを次の①～④のなかから選び，番号で答えよ。

① $A \div T$　$G \div C$　$(A+T) \div (G+C)$　$(A+G) \div (T+C)$
② $A \div G$　$T \div C$　$(A+T) \div (G+C)$　$(A+C) \div (G+T)$
③ $G \div C$　$T \div C$　$(A+C) \div (G+T)$　$(A+G) \div (T+C)$
④ $A \div T$　$G \div C$　$(A+C) \div (G+T)$　$(A+G) \div (T+C)$

(4) ゲノムの説明として誤っているものを次の①～④のなかから選び，番号で答えよ。

① ゲノムの塩基対数が多いほど，一般的に遺伝子数が多い。
② ヒトの体細胞には，両親由来の2セットのゲノムがある。
③ 精子や卵などの生殖細胞には，1セットのゲノムがある。
④ ヒトのゲノムには，約2万個の遺伝子があると考えられている。

(5) ヒトのゲノムに含まれているDNAの長さは約90 cmである。1本の染色体に含まれるDNAの平均の長さは約何cmになるか。最も適当なものを次の①～⑦のなかから選び，番号で答えよ。ただし，各染色体のDNAは，すべて同じ長さであるとして考えよ。

① 2.0 cm　② 3.9 cm　③ 5.4 cm　④ 7.8 cm
⑤ 9.0 cm　⑥ 12.4 cm　⑦ 15.8 cm

ヒント　(3)アデニンとチミン，グアニンとシトシンが相補的に結合するため，$A = T$，$G = C$ である。よって，各選択肢の T を A に，C を G に置き換えて各式を計算し，常に一定の値となるかどうかを確認するとよい。

第2章 遺伝子とその働き

第3章 ヒトのからだの調節

1 情報の伝達と体内環境の維持

A 恒常性と神経系

(a) **からだの調節** 体液(血液，組織液，リンパ液)は細胞にとっての環境であり，からだを取り巻く外部環境に対して(1)と呼ばれる。(1)を一定の範囲内に保ち，生命を維持する性質を(2)という。この性質に関わる情報は，(3)と(4)により伝達される。

(3)	(4)
器官に直接情報を伝える	(5)を介して標的器官にホルモンを運ぶ
すばやい作用	(6)とした作用
効果は短時間	効果は持続的

(b) **ヒトの神経系** 神経細胞(ニューロン)などで構成される器官を神経系という。

❶**脳死**…脳幹を含む脳全体の機能が消失している状態。

❷**植物状態**…大脳の機能が消失し脳幹の機能は維持されている状態。

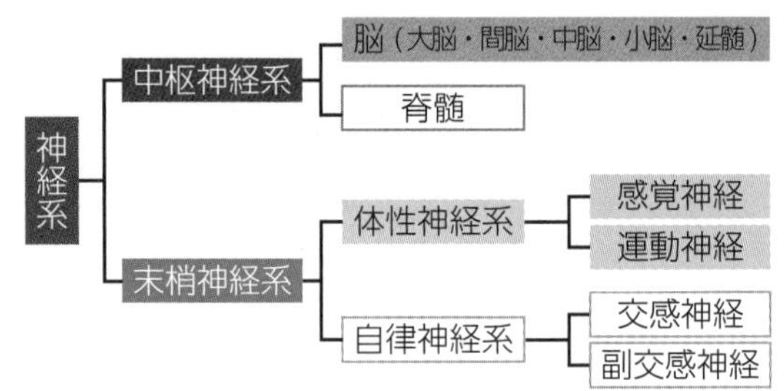

<table>
<tr><th colspan="3">脳の部位</th><th>働き</th></tr>
<tr><td rowspan="4">(7)</td><td rowspan="2">(8)</td><td>視床</td><td>ほとんどの感覚神経の中継点</td></tr>
<tr><td>(9)</td><td>(10)と脳下垂体の調節，体温や血糖濃度などの調節中枢が存在</td></tr>
<tr><td colspan="2">中脳</td><td>姿勢の保持や瞳孔の大きさの調節中枢が存在</td></tr>
<tr><td colspan="2">延髄</td><td>呼吸運動や心臓の拍動などの調節中枢が存在</td></tr>
<tr><td colspan="3">(11)</td><td>感覚や随意運動，記憶，思考，感情などの中枢が存在</td></tr>
<tr><td colspan="3">小脳</td><td>からだの平衡を保つ中枢などが存在</td></tr>
</table>

(c) **自律神経系の働きと構造** 自律神経系は内臓や内分泌腺などに分布し，意思とは無関係に働く。交感神経と副交感神経は互いに(12)的に作用する。

●心臓の拍動は，自律神経系が(13)に作用して調節されている。

分布器官	眼(瞳孔)	皮膚(立毛筋)	皮膚(血管)	心臓(拍動)	気管支	胃(ぜん動)	副腎髄質(ホルモン分泌)	ぼうこう(排尿)
交感神経	(14)	収縮	収縮	促進	拡張	抑制	(17)	抑制
副交感神経	縮小	分布なし	分布なし	(15)	収縮	(16)	分布なし	促進

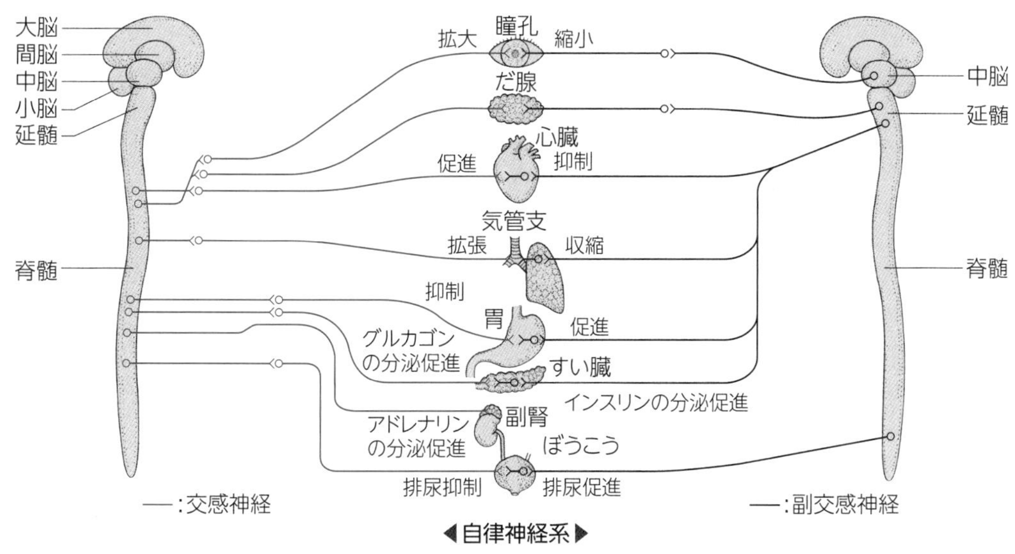

◀自律神経系▶

B 恒常性と内分泌系

(a) **内分泌系** 内分泌系は，血液中に分泌される(18　　　　　　)と呼ばれる物質により情報伝達を行うしくみである。この物質が標的細胞の(19　　　　　　)に結合し，特定の反応を起こす。

内分泌腺		ホルモン	働き
間脳	視床下部	各種の放出ホルモン・放出抑制ホルモン	脳下垂体のホルモン分泌の調節
脳下垂体	前葉	成長ホルモン	タンパク質の合成を促進
		甲状腺刺激ホルモン	チロキシンの分泌を促進
		副腎皮質刺激ホルモン	副腎皮質ホルモンの分泌を促進
	後葉	(20　　　　)	腎臓の集合管での水の再吸収や血圧の上昇を促進
甲状腺		(21　　　　)	代謝を促進
副甲状腺		パラトルモン	血液中のカルシウムイオン濃度の上昇を促進
すい臓のランゲルハンス島	A細胞	(22　　　　)	(23　　　　)濃度の上昇を促進
	B細胞	(24　　　　)	(23　　　　)濃度の低下を促進
副腎	皮質	糖質コルチコイド	(23　　　　)濃度の上昇を促進(タンパク質からの糖の生成を促進)
		鉱質コルチコイド	体液中のナトリウムイオン濃度やカリウムイオン濃度の調節
	髄質	(25　　　　)	(23　　　　)濃度の上昇を促進，心臓の拍動を促進，代謝を促進

解答 **1**…体内環境 **2**…恒常性(ホメオスタシス) **3**…自律神経系 **4**…内分泌系 **5**…血液 **6**…ゆっくり **7**…脳幹 **8**…間脳 **9**…視床下部 **10**…自律神経系 **11**…大脳 **12**…きっ抗 **13**…ペースメーカー **14**…拡大 **15**…抑制 **16**…促進 **17**…促進 **18**…ホルモン **19**…受容体 **20**…バソプレシン **21**…チロキシン **22**…グルカゴン **23**…血糖 **24**…インスリン **25**…アドレナリン

❶内分泌腺と外分泌腺

- **内分泌腺**…排出管がなく，(1　　　　　　　)を血管などの体内に直接分泌する。
- **外分泌腺**…排出管があり，分泌物を排出管から体外に放出する。

❷(2　　　　　　　)細胞…ホルモンを分泌する脳の神経細胞。間脳の視床下部の細胞からは各種の放出ホルモンやバソプレシンなどが分泌される。

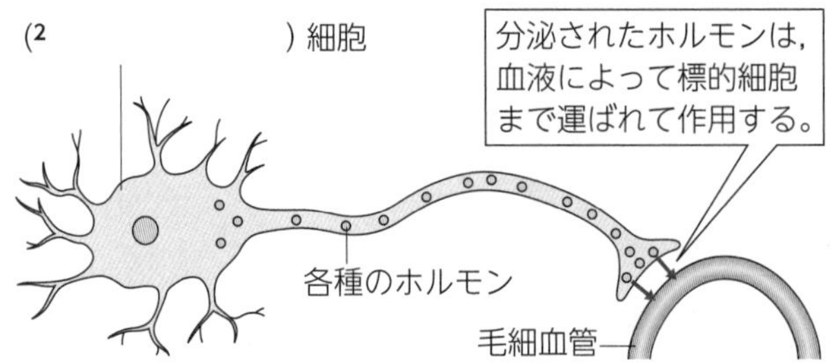

(b) **ホルモン分泌の調節**　一連の反応で，最終産物や生じた結果が反応の前段階(原因)にさかのぼって作用するしくみを(3　　　　　　　)という。作用が抑制的に働く(4　　　　　　　)は，ホルモン分泌を調節する一般的なしくみである。

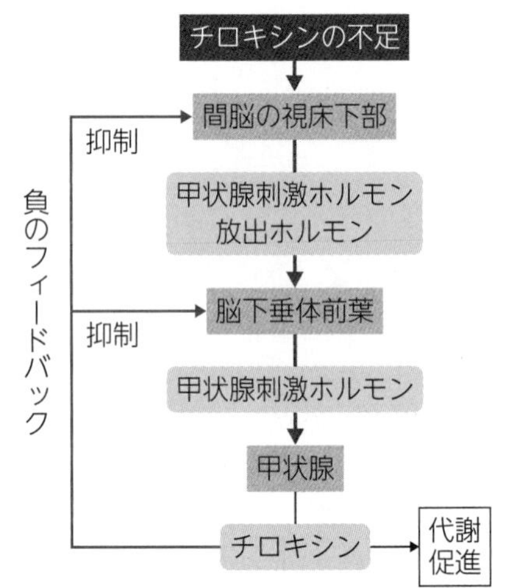

C 体内環境を調節するしくみ

(a) **血糖濃度の調節**　血液中のグルコースを(5　　　　　　　)という。健康なヒトの空腹時の血糖濃度は約(6　　　　)%(100mg/100mL)である。

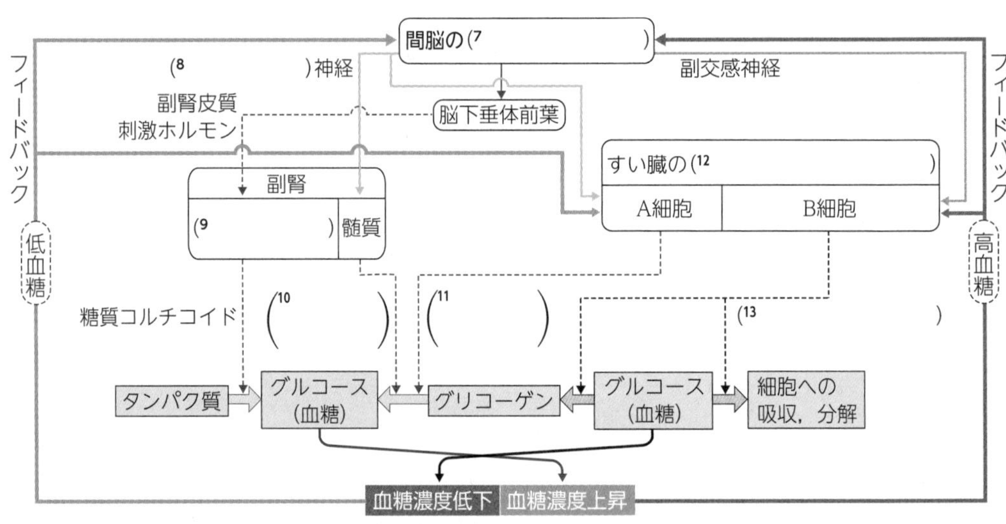

- **糖尿病**…血糖濃度が高い状態が続く病気。自己免疫疾患の1つで，ランゲルハンス島B細胞が破壊されてインスリンが分泌されなくなることで起こる(14　　　　　　　)と，上記以外の原因で，インスリン分泌量が減少したり，標的細胞がインスリンに反応しなくなったりして起こる(15　　　　　　　)がある。

(b) **体温の調節** 自律神経系と内分泌系の働きによって発熱量と放熱量を調節して，体温を一定に保つ。

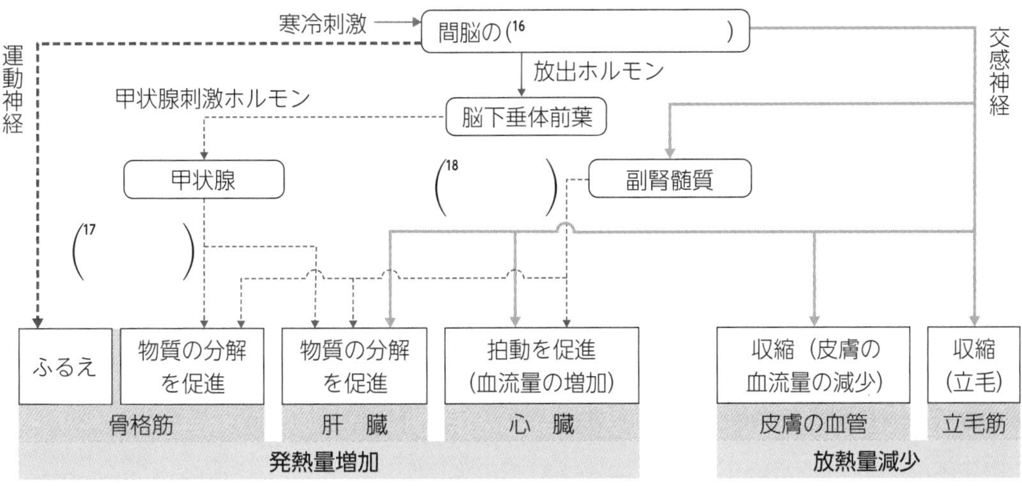

◀低温に対する調節▶

D 血液凝固

(a) **血液** 血液は，細胞成分の(19)と，液体成分の(20)からなる。

❶血球の種類と働き…血球は，(21)の造血幹細胞から形成される。

血球	形状	数(個 /μL)	働き
赤血球	無核(哺乳類) 直径 7 ~ 8μm	380 万~ 570 万	(22)の運搬
白血球	有核 直径 6 ~ 15μm	4000~9000	(23)に関与
血小板	無核 直径 2 ~ 4μm	15 万~40 万	(24)に関与

❷血しょう…粘性のある淡黄色の液体で，血液の重さの約 55%を占める。二酸化炭素，タンパク質，ホルモン，血球の運搬に関わり，体液の濃度などを一定範囲に保つ。

(b) **血液凝固と線溶** 繊維状のタンパク質である(25)が血球を絡め，(26)がつくられて出血を止める。血管の修復後に(26)が溶解することを(27)という。

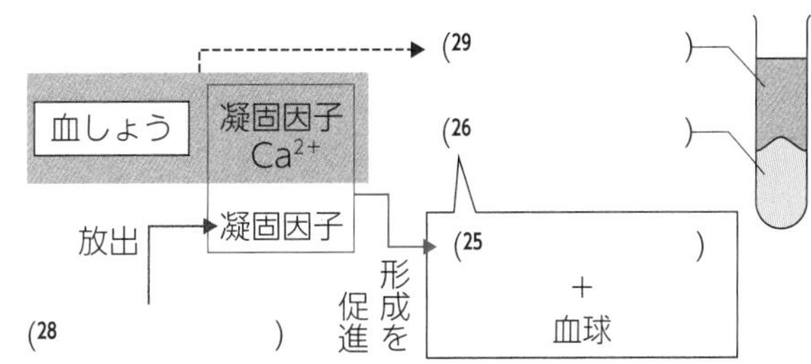

解答 **1**…ホルモン **2**…神経分泌 **3**…フィードバック **4**…負のフィードバック **5**…血糖 **6**…0.1 **7**…視床下部 **8**…交感 **9**…皮質 **10**…アドレナリン **11**…グルカゴン **12**…ランゲルハンス島 **13**…インスリン **14**…1 型糖尿病 **15**…2 型糖尿病 **16**…視床下部 **17**…チロキシン **18**…アドレナリン **19**…血球 **20**…血しょう **21**…骨髄 **22**…酸素 **23**…免疫 **24**…血液凝固 **25**…フィブリン **26**…血ぺい **27**…線溶(フィブリン溶解) **28**…血小板 **29**…血清

❷ 免疫

Ⓐ 生体防御

体内への病原体の侵入を防いだり，侵入した病原体を排除したりするしくみを生体防御という。物理的・化学的な生体防御と，免疫のしくみがある。

(a) **物理的・化学的な防御**

❶物理的な防御…角質層(死細胞からなる層)におおわれた皮膚の表面や，粘液を分泌する気管や消化管などの粘膜により，病原体の侵入を防ぐ。

❷化学的な防御…細菌の細胞膜を破壊するタンパク質である(1　　　　　　　　)を含む皮膚や粘膜上皮，細菌の細胞壁を分解する酵素である(2　　　　　　　　)を含む涙やだ液，(3　　　　　)性の汗や皮脂，胃酸により，病原体の侵入を防ぐ。

(b) **免疫**　自然免疫と獲得免疫(適応免疫)が相互作用し，協調的に働いて侵入した病原体を排除する。

❶免疫に関わる組織・器官…骨髄，(4　　　　　　　)，扁桃，リンパ節，ひ臓，消化管など

❷免疫に関わる細胞

<table>
<tr><td colspan="3">好中球</td><td>強い殺菌作用をもつ。炎症を引き起こす。</td></tr>
<tr><td colspan="3">(5　　　　　　)細胞</td><td>食作用で病原体を取り込み，T 細胞に提示する。</td></tr>
<tr><td colspan="3">(6　　　　　　　　　)</td><td>強い殺菌作用をもつ。炎症を引き起こす。</td></tr>
<tr><td rowspan="4">リンパ球</td><td rowspan="2">T 細胞</td><td>(7　　　　　　)細胞</td><td>他の白血球を活性化する。</td></tr>
<tr><td>(8　　　　　　)細胞</td><td>感染細胞などを攻撃する。</td></tr>
<tr><td colspan="2">(9　　　　　)細胞</td><td>(10　　　　　　　)細胞に分化し，抗体を産生する。</td></tr>
<tr><td colspan="2">(11　　　　　　　　)細胞</td><td>自然免疫で働き，感染細胞などを攻撃する。</td></tr>
</table>

Ⓑ 自然免疫

(a) **自然免疫**　病原体に共通する特徴を幅広く認識し，(12　　　　　　　)などによって排除する。この反応によって局所が赤くはれ，熱や痛みをもつことを(13　　　　　)という。

❶(14　　　　　)細胞やマクロファージが食作用により病原体を分解する。(14　　　　　)細胞は(15　　　　　)節へ移動し，(16　　　　　)免疫を誘導する。

❷活性化したマクロファージや体液成分が感染部位付近の毛細血管の血管壁を緩め，好中球や単球などを感染部位に引き寄せる。

❸感染部位に集まった食細胞は，食作用により病原体を排除する。(17　　　　　)細胞はウイルスなどに感染した細胞を破壊する。

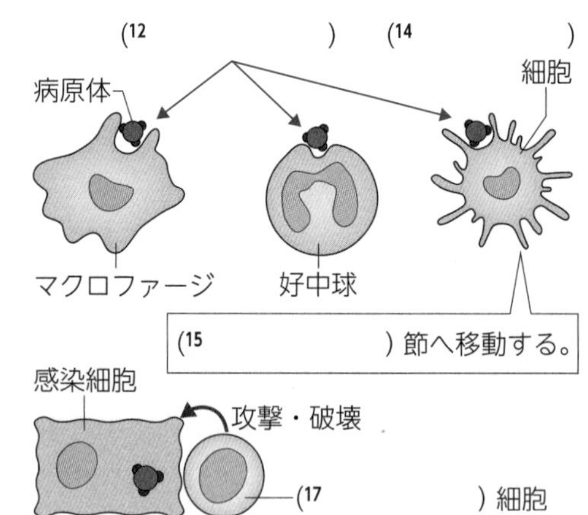

Ⓒ 獲得免疫

(a) **獲得免疫** 特定の物質を認識したリンパ球が特異的に病原体を排除する。リンパ球によって認識される物質を(18)という。ある抗原に対して獲得免疫の反応がみられない状態を(19)という。

❶病原体を認識し活性化した樹状細胞はリンパ節に移動する。そこでT細胞に病原体の断片を(20)し，活性化させる。

❷活性化した(21)細胞は増殖して感染部位に移動し，感染細胞を特異的に破壊する。

❸活性化した(22)細胞は増殖し，一部が感染部位に移動して，マクロファージやNK細胞などの働きを増強して病原体を排除する。

❹活性化した(22)細胞は，同じ抗原を直接認識した(23)細胞を活性化させる。(23)細胞は増殖し，(24)細胞に分化して(25)を多量に産生することで，抗原の排除を促進する。

❺活性化したT細胞やB細胞の一部は，(26)細胞となって残る。このことを(27)と呼ぶ。

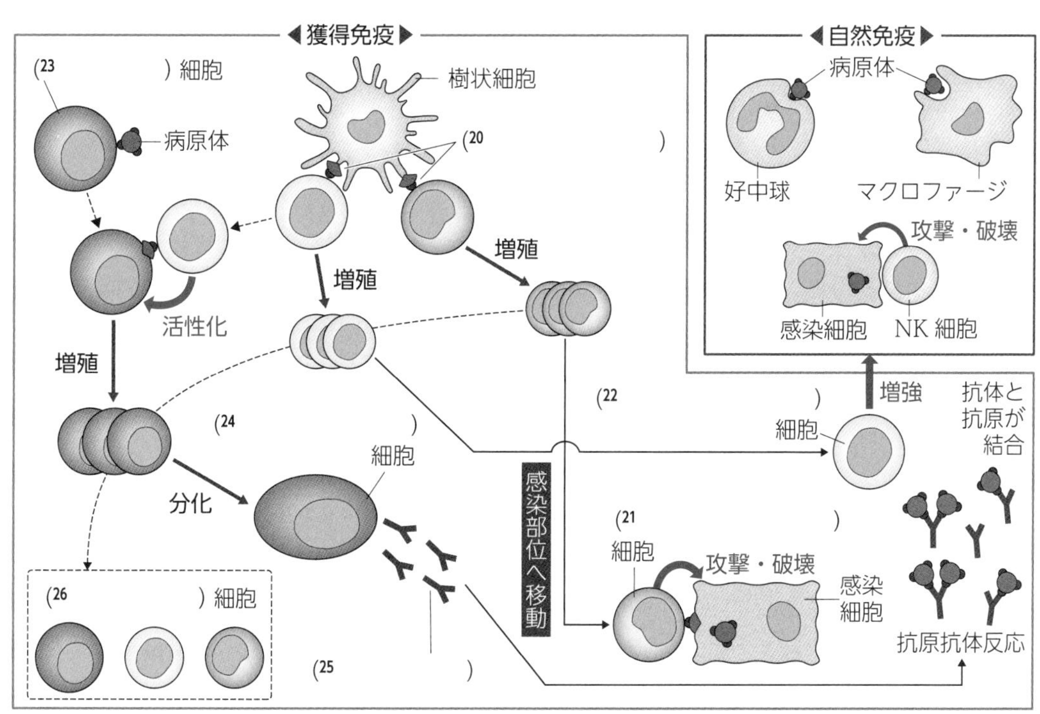

解答 **1**…ディフェンシン **2**…リゾチーム **3**…酸 **4**…胸腺 **5**…樹状 **6**…マクロファージ **7**…ヘルパーT **8**…キラーT **9**…B **10**…抗体産生(形質) **11**…ナチュラルキラー(NK) **12**…食作用 **13**…炎症 **14**…樹状 **15**…リンパ **16**…獲得(適応) **17**…ナチュラルキラー(NK) **18**…抗原 **19**…免疫寛容 **20**…抗原提示 **21**…キラーT **22**…ヘルパーT **23**…B **24**…抗体産生(形質) **25**…抗体 **26**…記憶 **27**…免疫記憶

(b) **抗体**　抗体は(1　　　　　　　　　)と呼ばれるタンパク質でできており，抗体産生細胞により産生される。抗体が抗原と特異的に結合し，抗原抗体複合体をつくる反応を(2　　　　　　　　　)反応と呼ぶ。個々の抗体はそれぞれ特定の抗原にしか結合できないが，ヒトのからだは多種類の抗体をつくることができるため，ほとんどの病原体に対応できる。

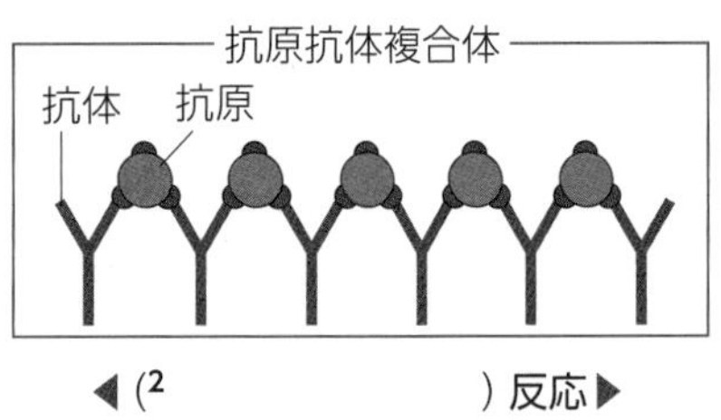

◀(2　　　　　　　　　) 反応▶

(c) **獲得免疫が関わる免疫反応**

❶(3　　　　　　　　　)…感染したことのある病原体が侵入したときに，記憶細胞により短時間で引き起こされる強い免疫反応。これにより，発症を防いだり症状を軽減したりする。

❷(4　　　　　　　　　)…皮膚や臓器などを移植した際に，定着せずに脱落する反応。移植された細胞に対して獲得免疫が起こるために生じる。

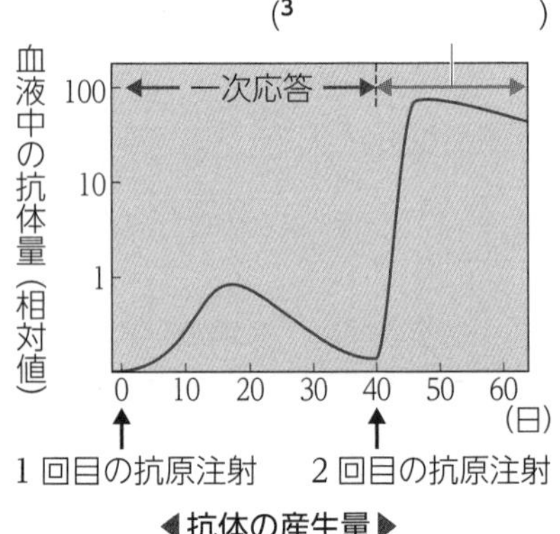

◀抗体の産生量▶

D 自然免疫と獲得免疫の特徴

(a) **抗原認識の違い**

❶(5　　　　　　　)免疫では，個々の免疫細胞が病原体に共通する特徴を幅広く認識する。

❷(6　　　　　　　)免疫では，個々のリンパ球は1種類の物質を抗原として特異的に認識する。ただし，それぞれのリンパ球が異なる抗原を認識することで，リンパ球全体としてはあらゆる抗原を認識できる。

樹状細胞など　病原体　リンパ球
認識　認識

(b) **応答の違い**

❶(7　　　　　　　)免疫では，ほぼすべての種類の免疫細胞が侵入した病原体に応答する。(7　　　　　　　)免疫の効果は，病原体の感染後，数時間で現れる。

❷(8　　　　　　　)免疫では，特定の病原体を認識するリンパ球は，リンパ球全体のなかでごくわずかである。(8　　　　　　　)免疫が効果を現すには，侵入した病原体を認識するリンパ球を増殖させる必要があるため，1週間以上の時間がかかる。

(c) **免疫記憶の違い**　免疫記憶のしくみは，獲得免疫には存在するが，自然免疫にはない。

	認識する成分	関与する細胞	効果を現すまで	免疫記憶
自然免疫	病原体に共通する特徴を幅広く認識	樹状細胞，好中球，マクロファージ，NK 細胞	数時間	なし
獲得免疫	1種類の特定の抗原を特異的に認識	B 細胞，ヘルパー T 細胞，キラー T 細胞	1週間以上	あり

E 免疫と生活

(a) 免疫の異常による疾患

❶ (9)…自己の成分に対して免疫反応が起こり，組織の障害や機能異常が現れる疾患。免疫寛容のしくみに異常が起こって生じると考えられている。
〔例〕関節リウマチ，重症筋無力症，1 型糖尿病

❷ (10)…病原体以外の異物にくり返し接触した際に，これらの異物に対して起こる過敏な獲得免疫反応。原因となる物質を (11)という。ハチの毒などに対する重度の反応により，急激な血圧低下や呼吸困難が全身に現れることを (12)という。 〔例〕花粉症，ぜんそく，じんましん

(b) 免疫不全

免疫のしくみの異常によって，免疫が十分に働かなくなって起こる疾患。

● (13)…HIV(ヒト免疫不全ウイルス)がヘルパー T 細胞に感染し，破壊することで獲得免疫の働きが低下する。その結果，日和見感染症やがんを発症しやすくなる。

(c) 免疫と医療

❶ (14)…弱毒化または死滅した病原体や毒素である (15)を接種して体内に記憶細胞を形成させ，二次応答によって感染症の発症を抑える方法。日本脳炎，インフルエンザ，はしか，結核などの予防に用いられる。

❷ (16)…ウマなどの動物に抗原を注射して抗体を産生させ，その抗体を含む血清を患者に接種することで，血清中の抗体を抗原と反応させ，抗原の作用を阻害させる。血清をくり返し与えると，血清中の他の成分への抗体が作られ，障害を引き起こすことがあるため，現在はヘビ毒の治療以外にはほとんど行われていない。

❸ (17)…病気の原因物質に対する抗体を用いた治療薬。関節リウマチのような炎症にもとづく疾患や，がんに対するものがある。

(d) ABO 式血液型

異なる血液型の血液を混ぜると，赤血球が凝集する。これは，赤血球の表面にある凝集原(抗原)と血しょう中の凝集素(抗体)とが，抗原抗体反応を起こすために生じる。

血液型	A 型	B 型	AB 型	O 型
凝集原(赤血球)	A	B	A，B	なし
凝集素(血しょう)	抗 B 抗体	抗 A 抗体	なし	抗 A 抗体 抗 B 抗体
凝集反応	A ＋抗 A 抗体，B ＋抗 B 抗体で起こる			

◀ ABO 式血液型 ▶

標準血清	凝集反応			
抗 A 抗体を含む血清	＋	−	＋	−
抗 B 抗体を含む血清	−	＋	＋	−
判定	A 型	B 型	AB 型	O 型

◀血液型の判定▶

解答 1…免疫グロブリン 2…抗原抗体 3…二次応答 4…拒絶反応 5…自然 6…獲得(適応) 7…自然 8…獲得(適応) 9…自己免疫疾患 10…アレルギー 11…アレルゲン 12…アナフィラキシーショック 13…エイズ 14…予防接種 15…ワクチン 16…血清療法 17…抗体医薬

Process

1. 体内の状態を常に安定に保ち，生命を維持する性質を何と呼ぶか。 1. ______

2. 恒常性に関わる情報を伝達するしくみは，自律神経系ともう１つは何か。 2. ______

3. ヒトの神経系のうち，脳と脊髄をまとめて何というか。 3. ______

4. 自律神経系は交感神経と，もう１つは何か。 4. ______

5. 自律神経系や内分泌系は，おもに間脳のどこによって調節されるか。 5. ______

6. 交感神経の作用により，心臓の拍動は促進されるか，抑制されるか。 6. ______

7. ホルモンを体内に分泌する器官を何と呼ぶか。 7. ______

8. 反応の最終産物や，生じた結果が，反応の前の段階にさかのぼって作用するしくみを何と呼ぶか。 8. ______

9. 血糖濃度を低下させるホルモンは何か。 9. ______

10. 血糖濃度を低下させるときに働く自律神経系は何か。 10. ______

11. 血糖濃度の調節機構が正常に働かず，血糖濃度が高い状態が続く病気を何と呼ぶか。 11. ______

12. 血球を絡め血ぺいをつくる繊維状のタンパク質は何か。 12. ______

13. フィブリンを分解する酵素の働きで血ぺいが溶解することを何というか。 13. ______

14. 体内への病原体の侵入を防いだり，侵入した病原体を排除したりするしくみを何と呼ぶか。 14. ______

15. 病原体などの異物を細胞内に取り込む働きは何か。 15. ______

解答 **1.** 恒常性（ホメオスタシス） **2.** 内分泌系 **3.** 中枢神経系 **4.** 副交感神経 **5.** 視床下部 **6.** 促進 **7.** 内分泌腺 **8.** フィードバック **9.** インスリン **10.** 副交感神経 **11.** 糖尿病 **12.** フィブリン **13.** 線溶（フィブリン溶解） **14.** 生体防御 **15.** 食作用

16. 免疫に関わる白血球のうち，T 細胞や B 細胞，ナチュラルキラー細胞などをまとめて何と呼ぶか。 16. ＿＿＿＿

17. 病原体に共通する特徴を幅広く認識し，食作用などによって病原体を排除する免疫を何と呼ぶか。 17. ＿＿＿＿

18. 特定の物質を認識したリンパ球が特異的に病原体を排除する免疫を何と呼ぶか。 18. ＿＿＿＿

19. 自然免疫の反応によって局所が赤くはれ，熱や痛みをもつことを何というか。 19. ＿＿＿＿

20. リンパ球に認識される物質を総称して何と呼ぶか。 20. ＿＿＿＿

21. 抗原提示を行い，ヘルパー T 細胞やキラー T 細胞を活性化させる細胞は何か。 21. ＿＿＿＿

22. 抗体産生細胞に分化して抗体をつくるリンパ球は何か。 22. ＿＿＿＿

23. 抗体が特異的に抗原と結合する反応を何と呼ぶか。 23. ＿＿＿＿

24. 獲得免疫において，記憶細胞の形成によって一度反応した抗原の情報が記憶されるしくみを何と呼ぶか。 24. ＿＿＿＿

25. 過去に侵入したことのある病原体が再び侵入したときに起こる，急速で強い免疫反応を何というか。 25. ＿＿＿＿

26. 関節リウマチなどのように，自己の成分に対する免疫反応による組織の障害や機能異常が生じる疾患を何と呼ぶか。 26. ＿＿＿＿

27. 病原体以外の異物にくり返し接触した際に起こる，病原体以外の異物への過敏な獲得免疫反応を何と呼ぶか。 27. ＿＿＿＿

28. エイズの原因となるウイルスは何か。 28. ＿＿＿＿

29. 予防接種に用いる，弱毒化または死滅した病原体や毒素を何と呼ぶか。 29. ＿＿＿＿

解答 **16.** リンパ球 **17.** 自然免疫 **18.** 獲得免疫（適応免疫） **19.** 炎症 **20.** 抗原 **21.** 樹状細胞 **22.** B 細胞 **23.** 抗原抗体反応 **24.** 免疫記憶 **25.** 二次応答 **26.** 自己免疫疾患 **27.** アレルギー **28.** HIV（ヒト免疫不全ウイルス） **29.** ワクチン

↓解説動画

基本例題 9　自律神経系と内分泌系

➡ まとめ(p.54, 55)
問題 48，50

自律神経系と内分泌系に関する次の各問いに答えよ。

(1) 交感神経の働きに関する記述として正しいものを，次の①～⑥のなかから 2 つ選べ。

① 瞳孔を縮小させる　② 皮膚の血管を収縮させる
③ 気管支を収縮させる　④ 心臓の拍動を抑制する
⑤ 排尿を促進する　⑥ 胃腸のぜん動を抑制する

(2) チロキシン，バソプレシン，成長ホルモンを分泌する内分泌腺として正しいものを，次の①～③のなかからそれぞれ選べ。

① 脳下垂体前葉　② 脳下垂体後葉　③ 甲状腺

チロキシン　バソプレシン　成長ホルモン

解説 (1)自律神経系には交感神経と副交感神経があり，活動時や緊張したときには交感神経の働きが優位になる。 (2)チロキシンは甲状腺から分泌され，代謝を促進する。バソプレシンは脳下垂体後葉から分泌され，腎臓の集合管での水の再吸収を促進する。成長ホルモンは脳下垂体前葉から分泌され，タンパク質の合成を促進する。

解答 (1)②，⑥
(2)チロキシン…③
バソプレシン…②
成長ホルモン…①

↓解説動画

基本例題 10　血糖濃度の調節

➡ まとめ(p.56)
問題 52

右の図は血糖濃度調節のしくみを示したものである。次の各問いに答えよ。

(1) 図中の a ～ e に適する語を答えよ。

a

b

c

d

e

間脳の視床下部
副交感神経
(a) 神経
(b) 前葉
副腎皮質刺激ホルモン
すい臓の
ランゲルハンス島
B 細胞
A 細胞
副腎皮質
副腎髄質
(d)
(c)
グリコーゲン
アドレナリン
(e)
細胞への
吸収，分解
グルコース
タンパク質
⇨：血糖濃度低下　➡：血糖濃度上昇

(2) 最終産物や結果が反応の前の段階に戻って作用するホルモン分泌調節のしくみを何と呼ぶか。

解説 (1)血糖濃度を上昇させるホルモンにはアドレナリン・グルカゴン・糖質コルチコイドが，低下させるホルモンにはインスリンがある。 (2)血糖濃度調節では，反応の結果である血糖濃度が間脳の視床下部によって感知され，ホルモン分泌が調節される。

解答 (1) a…交感　b…脳下垂体　c…インスリン　d…グルカゴン　e…糖質コルチコイド　(2)フィードバック

↓解説動画

基本例題 11 生体防御

➡ まとめ(p.58) 問題 57，58

ヒトには物理的・化学的な防御と免疫からなる生体防御のしくみがある。免疫はさらに，(a)免疫と獲得免疫に分けられる。通常，自己の成分に対して獲得免疫は起こらない。この状態を(b)という。また，獲得免疫を利用して，弱毒化した病原体や毒素をからだに接種して発病を防ぐことを(c)と呼ぶ。次の各問いに答えよ。

(1) 文中の( )に適する語を答えよ。

a ＿＿＿ b ＿＿＿ c ＿＿＿

(2) 物理的・化学的な防御と免疫の説明として適するものを，次のⅠ，Ⅱからそれぞれ選べ。

Ⅰ からだへの病原体の侵入を防ぐしくみ

Ⅱ からだへ侵入した病原体を排除するしくみ

物理的・化学的な防御 ＿＿＿ 免疫 ＿＿＿

解説 (1)予防接種で接種する弱毒化した病原体や毒素をワクチンという。 (2)自然免疫と獲得免疫は，体内に侵入した病原体を一体となって排除する。

解答 (1) a…自然 b…免疫寛容 c…予防接種 (2)物理的・化学的な防御…Ⅰ 免疫…Ⅱ

↓解説動画

基本例題 12 二次応答

➡ まとめ(p.60) 問題 62

図は，マウスに抗原Xを注射し，さらにその40日後に抗原Xと抗原Yを混ぜたものを注射した場合の，血液中に含まれる抗体の量を示したグラフである。横軸の目盛りははじめに抗原Xを注射してからの日数を示す。

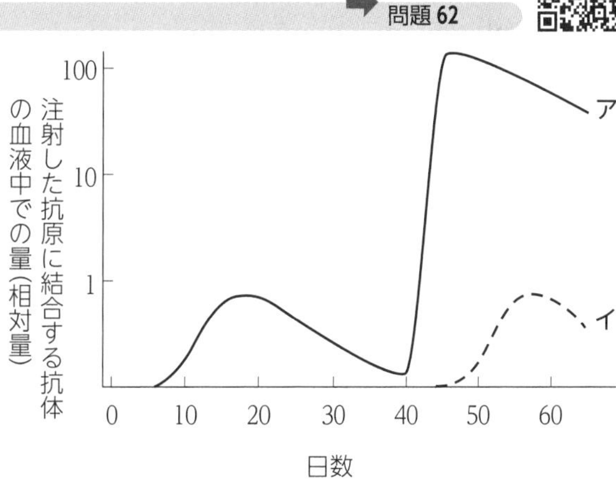

(1) 抗原Xに対する抗体x，および抗原Yに対する抗体yとして適するものを，図中のア，イからそれぞれ選べ。同じものを選択してもよい。

抗体x ＿＿＿ 抗体y ＿＿＿

(2) 同じ抗原が再び侵入したときに生じる免疫反応を何と呼ぶか。

＿＿＿

解説 (1)1回目の注射で抗原Xに対して免疫記憶ができているため，40日後に2回目の注射をすると1回目に比べ速く反応して短時間に大量の抗体xが産生される（二次応答）。一方，抗原Yは免疫記憶ができていないので，抗体yの産生量は，はじめて抗原Xを注射したときの抗体xの産生量と同様になる。 (2)はじめて抗原が侵入したときの免疫反応は一次応答と呼ぶ。

解答 (1)抗体x…ア 抗体y…イ (2)二次応答

基本問題

知識

47. 体内環境 次の文中の(　　)に適する語を答えよ。

ヒトの細胞の多くは，その周囲を体液に浸されている。体液は外部環境に対して(　ア　)と呼ばれる。(　ア　)は，さまざまな器官の働きにより，意思とは無関係に一定の範囲内に保たれている。このような性質を(　イ　)という。

体液は，(　ウ　)，(　エ　)，血液に分けられる。(　ウ　)は(　オ　)の一部が毛細血管からしみ出たもので，酸素や栄養素，ホルモンなどを細胞へ供給し，二酸化炭素や老廃物を細胞から受け取る役割をもつ。(　エ　)は(　ウ　)の一部がリンパ管内に入ったもので，(　カ　)の一種であるリンパ球を多く含み，免疫において重要な役割を担う。血液は，液体成分である(　オ　)と，細胞成分である血球からなる。(　オ　)は栄養素や老廃物，二酸化炭素，ホルモンなどを全身へ運搬する。血球は，赤血球，(　カ　)，(　キ　)からなる。赤血球は酸素を運搬する役割を担い，(　カ　)は免疫などに関与し，(　キ　)は血液凝固に関わる。

ア　　　　イ　　　　ウ　　　　エ

オ　　　　カ　　　　キ

知識

48. 自律神経系の働き 自律神経系の働きに関する次の文章を読み，下の各問いに答えよ。

ヒトの神経系は，脳と脊髄からなる(　ア　)と，体性神経系と自律神経系からなる(　イ　)とに分けられる。脳は，大脳，小脳，(　ウ　)に分けられる。このうち，(　ウ　)は恒常性に関わる領域であり，間脳，中脳，延髄などからなる。

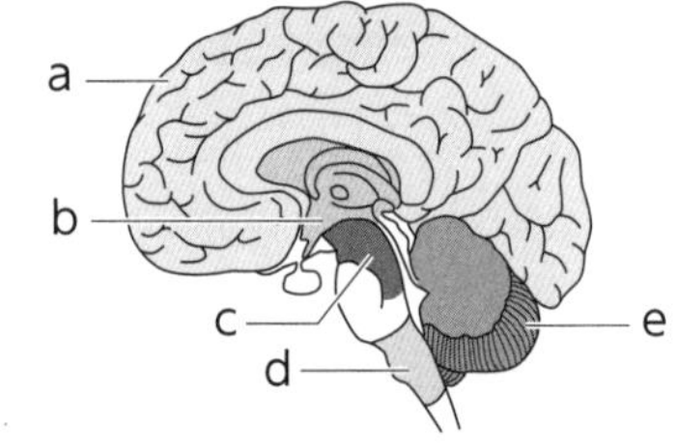

(1) 文中の(　　)に適する語を答えよ。

ア　　　　イ　　　　ウ

(2) 下線部に関して，間脳として適する領域を図中のａ～ｅから選び，記号で答えよ。

(3) 自律神経系に関する説明として適するものを，次の①～⑨のなかからすべて選び，番号で答えよ。

① 自律神経系は，間脳の視床によって支配されている。
② 自律神経系からの信号は，血液によって各器官に伝えられる。
③ 交感神経と副交感神経は，すべての器官に分布している。
④ 交感神経と副交感神経は，どちらもすべて脊髄から出ている。
⑤ 交感神経と副交感神経は，互いの働きを直接調節している。
⑥ 交感神経と副交感神経は，互いに反対の作用を及ぼす。
⑦ 自律神経系の機能が消失している状態を脳死と呼ぶ。
⑧ 副交感神経が働くと，胃の運動が促進される。
⑨ 交感神経が働くと，気管支は収縮する。

知識

49. 心臓の拍動調節　心臓の拍動調節に関する次の各問いに答えよ。

(1) 運動により心拍数が変化する理由に関して，次の文中の(　　)に適する語を答えよ。

心臓の拍動調節において，脳から心臓までの情報伝達は(　ア　)が行う。運動などによって酸素が消費され，二酸化炭素濃度が高くなると，(　イ　)にある拍動中枢が(　ウ　)を介して命令を伝え，心臓の拍動数が増加する。一方，運動を中止して酸素の消費量が減少し，二酸化炭素濃度が低下すると，拍動中枢が(　エ　)を介して命令を伝え，心臓の拍動数が減少する。

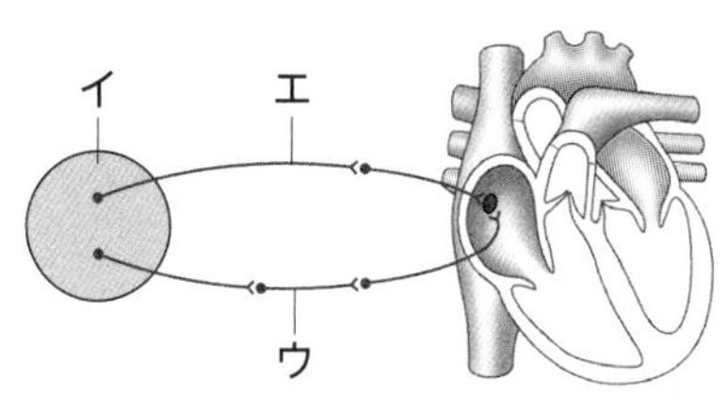

ア　　　イ　　　ウ　　　エ

(2) 心臓は外部からの刺激がなくても，右心房の特定の部位が自律的に周期的な電気信号を発することにより，一定のリズムで自発的に拍動することができる。この部位の名称を答えよ。

思考　論述

50. 内分泌系　下の図は，ヒトの内分泌腺を示したものである。次の各問いに答えよ。

(1) 図中の①～⑦の内分泌腺の名称を答えよ。また，これらの内分泌腺から分泌されるホルモンの名称をA群から，その主な働きをB群から選べ。

〔A群〕 ア：糖質コルチコイド
イ：アドレナリン　ウ：成長ホルモン
エ：インスリン　オ：パラトルモン
カ：バソプレシン　キ：チロキシン

〔B群〕 a：代謝を促進
b：血液中のカルシウムイオン濃度の上昇を促進
c：タンパク質の合成を促進
d：腎臓の集合管での水の再吸収を促進　e：グリコーゲンからの糖の生成を促進
f：タンパク質からの糖の生成を促進　g：血糖濃度の低下を促進

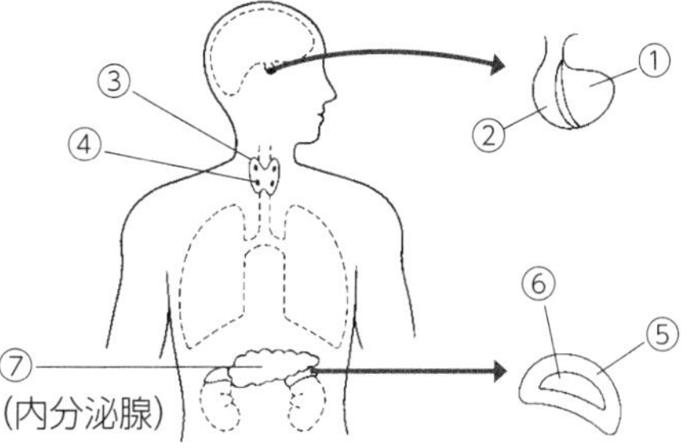

①　　②　　③
④　　⑤　　⑥
⑦

(2) ホルモンが作用する特定の細胞を何と呼ぶか答えよ。

(3) ホルモンが特定の細胞にしか作用しない理由を30字以内で答えよ。

10 20 30

第3章 ヒトのからだの調節

思考

51. ホルモン分泌の調節

ホルモンの分泌調節に関する次の文章を読み，下の各問いに答えよ。

ホルモン分泌がうまく調節できないと病気になる場合がある。チロキシンは,(　ア　)から(　イ　)の間と,(　イ　)から(　ウ　)の間を順に伝わる２つのホルモンの働きにより，最終的に(　ウ　)から分泌される。チロキシン濃度の低下がみられる３人(Aさん，Bさん，Cさん)がいるとする。この３人のチロキシン濃度低下の原因を調べるため，血液中の甲状腺刺激ホルモンの濃度を測定した。さらに，甲状腺刺激ホルモン放出ホルモンを投与した後に，再度，血液中の甲状腺刺激ホルモン濃度を測定した。その測定結果を下の表に示す。

	Aさん	Bさん	Cさん
正常値に対する甲状腺刺激ホルモンの濃度	低い	高い	低い
甲状腺刺激ホルモン放出ホルモン投与後の甲状腺刺激ホルモンの濃度	上昇	上昇	変化しない

(1) 文中の(　　)に適する語を答えよ。

ア　　　　　　イ　　　　　　ウ

(2) Aさん，Bさん，Cさんの３人は，それぞれ，ア～ウのどこに異常が生じているかを答えよ。ただし，チロキシン濃度の低下の原因は，ア～ウのいずれかに存在し，それぞれから分泌されるホルモンは正常に働くものとする。

Aさん　　　　Bさん　　　　Cさん

(3) 一連の反応で，最終産物が反応の前段階にさかのぼって作用するしくみを何と呼ぶか。

思考　論述

52. 血糖濃度の調節

右の図は血糖濃度が低下したときの調節のしくみを模式的に示したものである。次の各問いに答えよ。

(1) 健康なヒトの血糖濃度は空腹時で約何%か。

%

(2) 図中のア～ウの内分泌腺の名称を答えよ。

ア　　　　　　イ　　　　　　ウ

(3) 図中のA～Cのうち，ホルモンによる作用を示すものをすべて答えよ。

(4) インスリンは，グルコースの細胞内への取り込みや呼吸によるグルコースの分解を促す作用をもつ。これらの他にどのような作用をもつか，40字以内で答えよ。

(5) インスリンを分泌する細胞の名称を答えよ。

知識

53. 血糖濃度調節と糖尿病

次の図は，健康な人と糖尿病患者の，食事前後の血糖濃度および血中インスリン濃度を調べた結果のグラフである。下の各問いに答えよ。

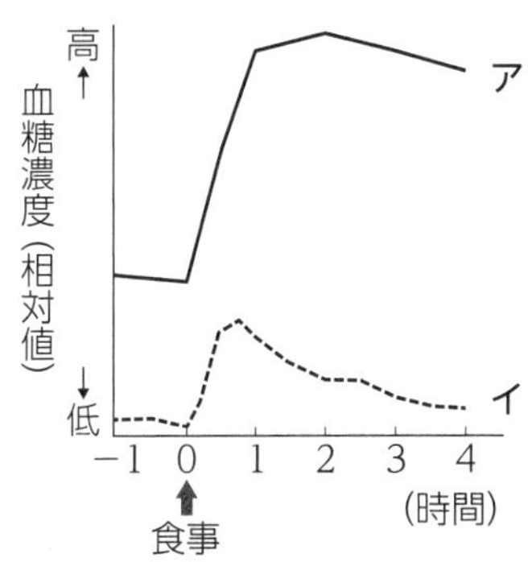

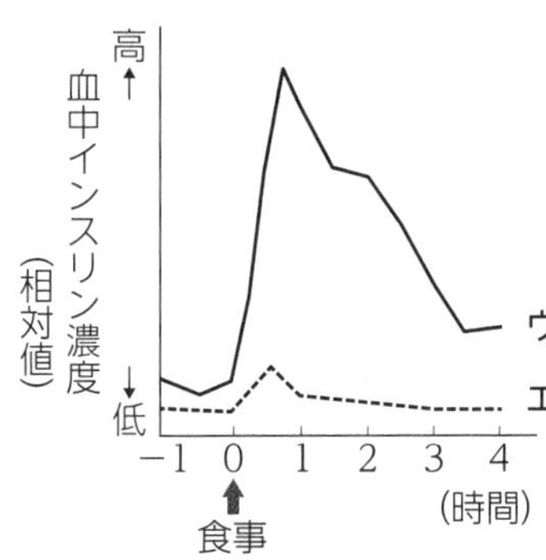

(1) 健康な人の血糖濃度と血中インスリン濃度の組み合わせとして最も適当なものを次の①～④のなかから選び，番号で答えよ。

① アとウ　② イとウ　③ アとエ　④ イとエ

(2) 糖尿病に関する記述として正しいものを次の①～⑤のなかからすべて選び，番号で答えよ。

① 1型糖尿病は，肥満・運動不足など，生活習慣が原因で起こる。

② 2型糖尿病は，ランゲルハンス島B細胞が破壊されることが原因で起こる。

③ 高血糖が長期間続くと，血管障害などの合併症が引き起こされる。

④ 細胞内へのグルコースの取り込みが促進されている。

⑤ 尿に高濃度のグルコースが含まれる。

思考 論述

54. 体温の調節

体温調節に関する次の文章を読み，下の各問いに答えよ。

ヒトの体温は，自律神経系と内分泌系を介して，間脳の視床下部にある体温調節中枢によって調節されている。体温が低下すると，皮膚からの刺激が体温調節中枢に伝えられる。その結果，(　ア　)神経の働きにより，皮膚の血管が(　イ　)して放熱量が(　ウ　)するとともに，運動神経の作用で筋肉のふるえが起こり，発熱量が増加する。また，甲状腺からのチロキシン分泌，(　エ　)からのアドレナリン分泌が増加し，熱産生量が増大する。一方，体温が上昇した場合には，皮膚の血管が(　オ　)し，放熱量が(　カ　)する。また，汗腺に分布する(　キ　)神経の働きにより(　ク　)が促され，気化熱により体表の温度が下がる。さらに，甲状腺や(　エ　)からのホルモン分泌が抑制され，肝臓などにおける熱産生が抑えられる。

(1) 文中の(　　)に適する語を答えよ。

ア　　イ　　ウ　　エ

オ　　カ　　キ　　ク

(2) 甲状腺から分泌されるチロキシンが体温を上げるしくみを30字以内で説明せよ。

知識
55. 血液の働きと成分　血液に関する次の各問いに答えよ。

(1) ヒトの赤血球の記述として誤っているものを次の①～⑤のなかから選び，番号で答えよ。

① ヒトの赤血球の直径は 7 ～ 8 μm ほどである。
② 中央部がへこんだ円盤状をしている。
③ 健康なヒトの赤血球は，血液 1μL 中の個数が白血球より多い。
④ 赤血球にはヘモグロビンというタンパク質が含まれる。
⑤ 赤血球は酸素と二酸化炭素の運搬をする。

(2) ヒトの血球のうち核をもたないものを次の①～⑦のなかからすべて選び，番号で答えよ。

① 血小板　② 好中球　③ 赤血球　④ 樹状細胞
⑤ B 細胞　⑥ NK 細胞　⑦ マクロファージ

(3) 血球のもととなる細胞の名称と，その細胞が存在する骨の内部の名称を答えよ。

細胞の名称　　骨の内部の名称

(4) ヒトの血しょうの記述として最も適当なものを次の①～④のなかから選び，番号で答えよ。

① 血しょうの成分の約 10％は水である。
② 血しょうにはタンパク質，無機塩類，グルコースなどが含まれている。
③ 血しょうは血管外に染み出ることはない。
④ 血しょう中にはホルモンは含まれない。

知識
56. 血液凝固　血液凝固に関する次の文章を読み，下の各問いに答えよ。

血管が損傷を受けて出血した場合，傷が小さければ，自然に出血が止まる。このときみられる一連の現象を(　ア　)という。出血すると，そこに(　イ　)が集まってかたまりをつくり，(　イ　)や血しょう中に含まれる凝固因子によって，(　ウ　)と呼ばれる繊維状のタンパク質が形成される。(　ウ　)は網状につながり，(　エ　)を絡めて(　オ　)ができ，傷口をふさぐ。(　オ　)によって止血されている間に，傷ついた血管が修復される。

(1) 文中の(　　)に適する語を答えよ。

ア　　イ　　ウ

エ　　オ

(2) 血管が修復された後，(　ウ　)は酵素によって分解される。この現象を何と呼ぶか。

(3) 右図は採血した血液を試験管に入れてそのまま放置したようすを示している。図中の A の名称を答えよ。なお，A は淡黄色の液体である。

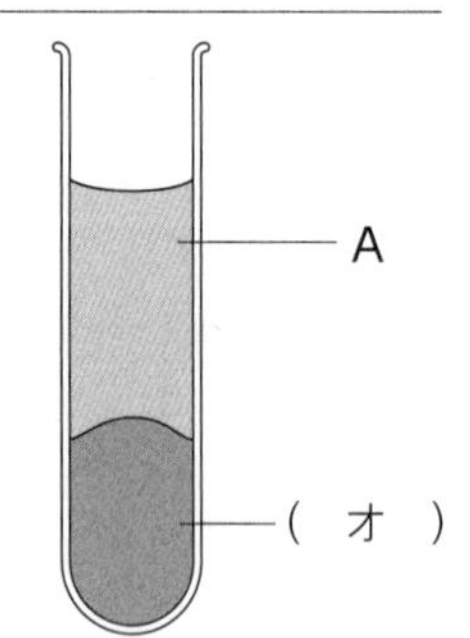

(4) (　オ　)には含まれるが A にはほとんど含まれないものを，次の①～④のなかから 2 つ選び，番号で答えよ。

① 血球　② フィブリン
③ グルコース　④ 抗体

知識

57. 物理的・化学的な防御のしくみ 病原体の体内への侵入を物理的・化学的に防ぐしくみに関する説明として正しいものを，次の①～⑪のなかから５つ選び，番号で答えよ。

① 胃酸はわずかに酸性となっていて，細菌の増殖を防いでいる。
② 気管では，繊毛の運動によって病原体の侵入を防いでいる。
③ 消化管の粘膜では，粘液を分泌して病原体の侵入を防いでいる。
④ 体温を約36℃に保つことで，細菌などが生息しにくくなっている。
⑤ 粘膜上皮には，細菌の細胞壁を破壊するフィブリンが存在する。
⑥ 皮膚の表面は，バリア機能を果たす角質層におおわれている。
⑦ 涙やだ液には，細菌の細胞膜を破壊する作用をもつリゾチームが含まれている。
⑧ 皮膚には，ディフェンシンと呼ばれる抗菌作用をもつ物質が存在する。
⑨ 皮膚の表面は強い酸性に保たれており，多くの病原体の繁殖を防いでいる。
⑩ 腸管の粘膜には多数の細菌が生息しており，病原体の侵入を防いでいる。
⑪ 汗は塩基性で，微生物の繁殖を防いでいる。

思考 実験 観察 論述

58. 免疫 免疫には，自然免疫と獲得免疫がある。次の各問いに答えよ。

(1) 次の①～⑨に関して，ア：自然免疫にのみ該当するもの，イ：獲得免疫にのみ該当するもの，ウ：両方に該当するもの，をそれぞれすべて選べ。

① 個々の免疫細胞が幅広く病原体を認識する。
② ごく限られた物質を抗原として特異的に認識する。
③ B細胞から分化した抗体産生細胞がつくる抗体によって病原体を排除する。
④ 効果が現れるのに要する時間は数時間である。
⑤ 体内に侵入したウイルスや細菌などの病原体，体内で生じたがん細胞などを排除する。
⑥ キラーT細胞が感染細胞や移植片などを直接攻撃する。
⑦ 記憶細胞が体内につくられて，病原体の二度目の侵入に備えることができる。
⑧ 予防接種に応用されている。
⑨ 感染部位が赤くはれ，熱や痛みをもつ。

ア　　　　イ　　　　ウ

(2) 右の図は，細菌を含む培地に好中球を加えた場合と加えない場合の，培地中の細菌数の変化を示したものである。好中球の働きとしてこの図から推測できることを，根拠とともに60字以内で説明せよ。

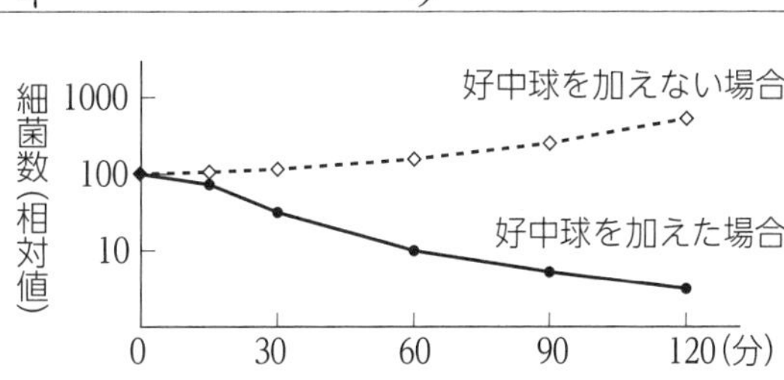

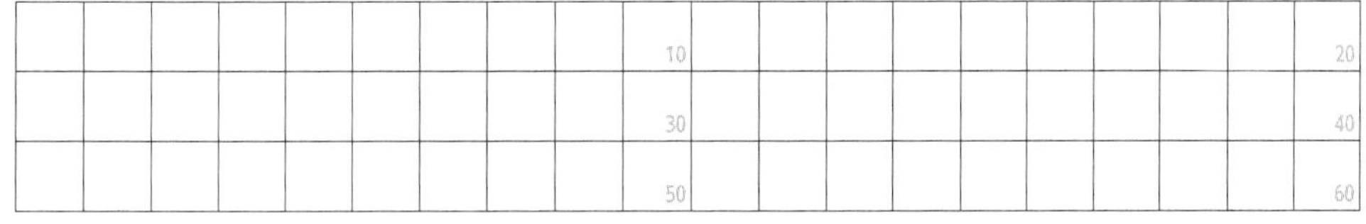

知識

59. 免疫に関わる細胞と組織・器官 免疫に関する次の各問いに答えよ。

(1) 食細胞，およびリンパ球として適当なものを，次の①～⑥のなかからそれぞれすべて選べ。

① マクロファージ　② 好中球　③ B 細胞

④ ナチュラルキラー細胞　⑤ 樹状細胞　⑥ ヘルパー T 細胞

食細胞　　　　リンパ球

(2) 免疫に関わる組織・器官として適当なものを，次の①～⑦のなかからすべて選べ。

① 心臓　② 胸腺　③ 骨髄　④ 消化管

⑤ リンパ節　⑥ ひ臓　⑦ 腎臓

(3) ヘルパー T 細胞，および B 細胞についての記述として適当なものを，次の①～⑦のなかからそれぞれすべて選べ。

① 活性化には樹状細胞から抗原の提示を直接受ける必要がある。

② 活性化にはヘルパー T 細胞による刺激が必要である。

③ 活性化にはキラー T 細胞による刺激が必要である。

④ 活性化にはナチュラルキラー細胞による刺激が必要である。

⑤ 活性化すると分裂し，増殖する。

⑥ 活性化後，一部は記憶細胞になる。

⑦ 活性化後，一部は抗体産生細胞(形質細胞)になる。

ヘルパー T 細胞　　　　B 細胞

知識

60. 自然免疫 自然免疫に関する次の各問いに答えよ。

(1) 次の文Ⅰ～Ⅳを自然免疫の反応順に並び替えよ。

Ⅰ 病原体を認識して活性化したマクロファージや体液成分が，毛細血管の細胞どうしの結合を緩める。

Ⅱ 血液や骨髄に存在する好中球や NK 細胞が，感染部位に集まる。

Ⅲ マクロファージや樹状細胞が病原体を認識して活性化し，食作用によって取り込む。

Ⅳ 傷口から病原体が侵入する。

→　→　→

(2) 自然免疫に関する記述として最も適当なものを次の①～⑥のなかから選び，番号で答えよ。

① 獲得免疫とは無関係に働いている。

② NK 細胞は，ウイルスなどに感染した細胞を食作用で取り込んで排除する。

③ 樹状細胞は，病原体を食作用で取り込んだ後，骨髄へと移動して獲得免疫を誘導する。

④ 病原体を認識して活性化した血小板は，免疫細胞を感染部位へ誘導する。

⑤ 感染部位では，マクロファージの働きにより毛細血管が拡張して血流量が増える。

⑥ 食細胞のなかで最も数が多いのは赤血球である。

(3) 感染部位が赤くはれ，熱や痛みをもつことを何と呼ぶか。

知識

61. 獲得免疫　獲得免疫に関する次の文章を読み，下の各問いに答えよ。

病原体が体内に侵入すると，病原体を認識した(　ア　)細胞が活性化してリンパ節に移動し，(　イ　)を行って(　ウ　)細胞やキラーT細胞を活性化する。活性化した(　ウ　)細胞は，感染部位に移動して自然免疫の働きを促進する。また，キラーT細胞は感染細胞を特異的に破壊する。一方，(　エ　)細胞は，病原体の特定の成分を直接認識し，同じ抗原を認識した(　ウ　)細胞によって活性化されて増殖し，(　オ　)細胞に分化する。(　オ　)細胞は，侵入したa抗原とだけ結合する物質をつくって血液中に放出する。b放出された物質は抗原と結合して，その働きを抑える。活性化したT細胞や(　エ　)細胞は，その一部が(　カ　)細胞となり，長期間体内に残る。

(1) 文中の(　　)に適する語を答えよ。

ア＿＿＿＿　イ＿＿＿＿　ウ＿＿＿＿

エ＿＿＿＿　オ＿＿＿＿　カ＿＿＿＿

(2) 下線部aの物質の名称，およびこの物質を構成するタンパク質の名称を答えよ。

物質の名称＿＿＿＿　タンパク質の名称＿＿＿＿

(3) 下線部bの反応は何と呼ぶか答えよ。

＿＿＿＿

(4) 獲得免疫に関する記述として最も適当なものを次の①～④のなかから選び，番号で答えよ。

① 特定の型のインフルエンザウイルスには，特定のリンパ球しか反応できない。

② はじめて侵入してきた病原体にも素早く対応して排除する。

③ 個々の抗体産生細胞は，複数種類の抗体を産生する。

④ 個々の免疫細胞が幅広く病原体や感染細胞を認識する。＿＿＿＿

知識

62. 二次応答　二次応答に関する次の各問いに答えよ。

(1) 二次応答に関する記述として最も適当なものを次の①～④のなかから選び，番号で答えよ。

① 二次応答の効果が現れるまでの時間は，一次応答の場合より短い。

② 二次応答は二度目の感染時に起こる反応のため，抗体はほとんど産生されない。

③ 一度感染した病原体が再び体内に侵入すると重症化しやすい。

④ 二次応答には好中球は関与しない。＿＿＿＿

(2) 二次応答による現象として適当なものを次の①～⑤のなかから2つ選び，番号で答えよ。

① 毒ヘビにかまれた人に，そのヘビの毒をウマに注射してあらかじめ作っておいた抗体を投与すると症状が軽減した。

② インフルエンザの予防接種を受けた人がインフルエンザウイルスに感染したときに，症状が重くならずに済んだ。

③ あるマウスに別の個体の皮膚をはじめて移植すると，移植片は定着せずに約10日後に脱落した。

④ 転んで膝をすりむいたとき，その傷の周りが数時間後に赤くはれて熱をもった。

⑤ 結核菌のタンパク質を皮下に注射したところ赤くはれた。＿＿＿＿

思考 実験 観察

63. マウスの皮膚移植実験 XおよびYという2つのマウス系統があり，これらの系統は遺伝的に異なる。系統Xのマウスの皮膚を，別の系統Xのマウスへ移植したところ，皮膚片は定着した(図1)。一方，系統Xのマウスの皮膚を，系統Yのマウスへはじめて移植したところ，皮膚片は10日で脱落した(図2)。

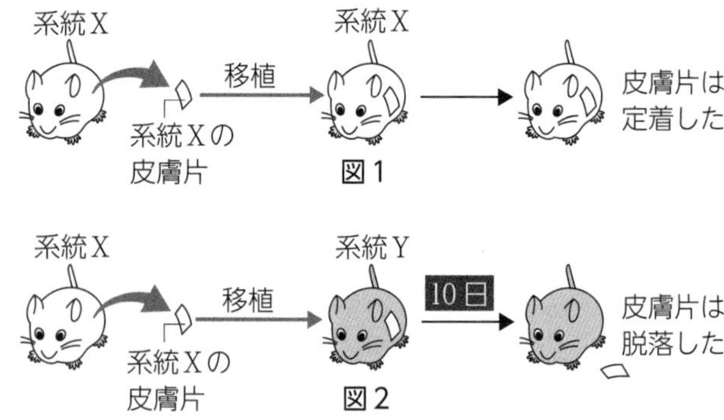

(1) 下線部のような反応を何と呼ぶか答えよ。

(2) 下線部の反応では，獲得免疫で働くあるリンパ球が直接皮膚片を攻撃する。このリンパ球の名称を答えよ。

(3) 免疫は，A：抗体が関与する免疫と，B：リンパ球やマクロファージなどの細胞が，病原体や感染細胞を直接排除する免疫，の2つに分類する場合もある。A, Bの名称をそれぞれ答えよ。

A　　　　　B

(4) 図2の皮膚片が脱落した系統Yのマウスへ，再び系統Xのマウスの皮膚片を移植すると，どのような反応が起こるか。最も適当なものを次の①～④のなかから選び，番号で答えよ。

① 皮膚片は定着する　② 皮膚片は5日ほどで脱落する
③ 皮膚片は10日ほどで脱落する　④ 皮膚片は1か月ほどで脱落する

知識

64. 免疫に関する疾患 免疫に関する次の各問いに答えよ。

(1) 自己免疫疾患に該当するものを，次の①～⑨のなかからすべて選べ。

① 1型糖尿病　② 2型糖尿病　③ エイズ
④ 食物アレルギー　⑤ 高血圧症　⑥ 花粉症
⑦ 関節リウマチ　⑧ ぜんそく　⑨ 重症筋無力症

(2) 自己免疫疾患は，免疫の何というしくみに異常が生じて発症するか。

(3) 免疫に関係する疾患の記述として誤っているものを，次の①～⑧のなかから3つ選べ。

① 免疫反応が過剰になった結果，生体に不都合な反応が起こることをアレルギーという。
② アレルギーには，スギやヒノキなどの花粉による花粉症が含まれる。
③ 食物に含まれる特定の物質が抗原として認識されると食物アレルギーが起こる。
④ ハチの毒素などが原因で起こる全身性の急激なアレルギー反応をアナフィラキシーショックという。
⑤ 自己免疫疾患とは，自己の成分に免疫が働かないために起こる疾患である。
⑥ ランゲルハンス島のB細胞が破壊される2型糖尿病は，自己免疫疾患の一種である。
⑦ エイズは，HIVがB細胞に感染してこれを破壊することによって，獲得免疫の働きが低下する病気である。
⑧ アレルギーの原因となる抗原を，アレルゲンという。

思考 論述

65. 免疫と医療 免疫と医療に関する次の各問いに答えよ。

(1) 予防接種，血清療法，抗体医薬に当てはまる記述として適切なものを，次の①～⑧のなかからそれぞれすべて選び，番号で答えよ。

① 主に治療に用いられる。
② 主に予防に用いられる。
③ 動物に毒素を投与し，得られた物質をヒトに投与する。
④ 動物に毒素を投与し，得られたリンパ球をヒトに投与する。
⑤ ヒトに無毒化した病原体を投与する。
⑥ ヒトに弱毒化した病原体を投与する。
⑦ 炎症に関わる物質に対する薬剤が用いられる。
⑧ がん細胞の増殖に関わる物質に対する薬剤が用いられる。

予防接種＿＿＿＿ 血清療法＿＿＿＿ 抗体医薬＿＿＿＿

(2) ハチの毒などがアレルゲンとなって急激な血圧低下や呼吸困難が生じ，症状が全身にあらわれることを何というか答えよ。

＿＿＿＿＿＿

(3) ワクチンの接種により感染症の発症を防ぐしくみを，70字以内で説明せよ。

（70字の解答欄）

思考

66. ABO式血液型 異なるヒトの血液を混ぜると，赤血球の表面にある凝集原と呼ばれる物質と，血しょう中に存在する凝集素と呼ばれる抗体とが抗原抗体反応を起こし，血液が凝集する場合がある。また，下の表は，ABO式血液型について，各血液型のヒトの血液に含まれる凝集原と凝集素を示したものである。下の①～⑥のなかから最も適当な記述を選べ。

血液型	A型	B型	AB型	O型
凝集原	A	B	A・B	なし
凝集素（抗体）	抗B抗体	抗A抗体	なし	抗A抗体 抗B抗体

① A型のヒトの赤血球をAB型のヒトの血液に混ぜると，抗原抗体反応が起こる。
② O型のヒトの赤血球をA型のヒトの血液に混ぜても，抗原抗体反応は起こらない。
③ B型のヒトの血しょうをO型のヒトの血液に混ぜると，抗原抗体反応が起こる。
④ O型のヒトの血しょうをAB型のヒトの血液に混ぜても，抗原抗体反応は起こらない。
⑤ AB型のヒトの血液にどの血液型の血しょうを混ぜても，抗原抗体反応は起こらない。
⑥ O型のヒトの血液にどの血液型の赤血球を混ぜても，抗原抗体反応は起こらない。

＿＿＿＿

↓解説動画

標準例題 4　血糖濃度の調節

➡ 問題 68

次の図1～3は，それぞれ，健康な人と糖尿病の患者Aおよび患者Bの血糖，グルカゴン，インスリンの濃度変化を示している。

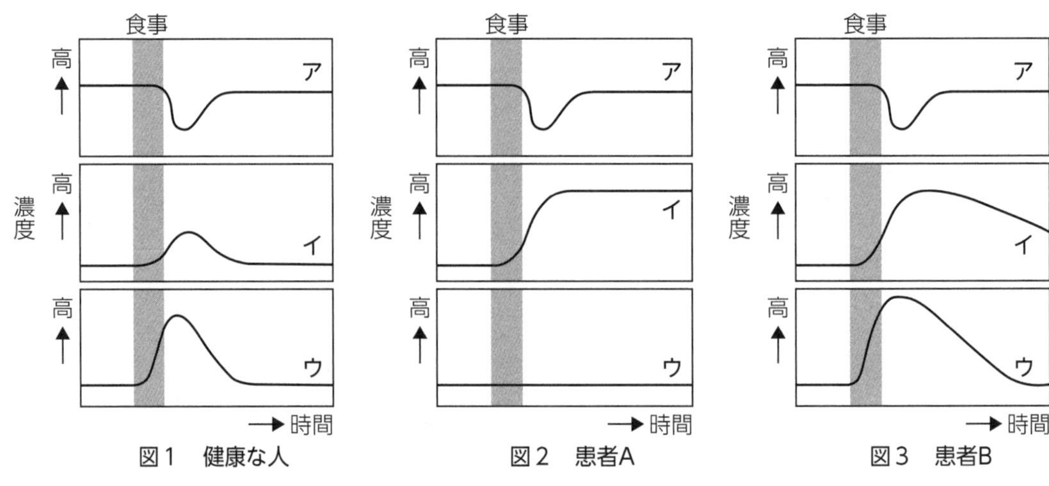

図1　健康な人　　図2　患者A　　図3　患者B

(1) 図1～3中の曲線ア～ウは，それぞれ血糖，グルカゴン，インスリンのどれを表すか答えよ。ただし，▬は食事をとった時間を示す。

ア　　　　イ　　　　ウ

(2) 患者Aおよび患者Bにインスリンを投与したとき，それぞれの血糖濃度はどのように変化すると考えられるか。図4の図中の曲線エ～キから最も適当なものを1つずつ選べ。

患者A　　　　患者B

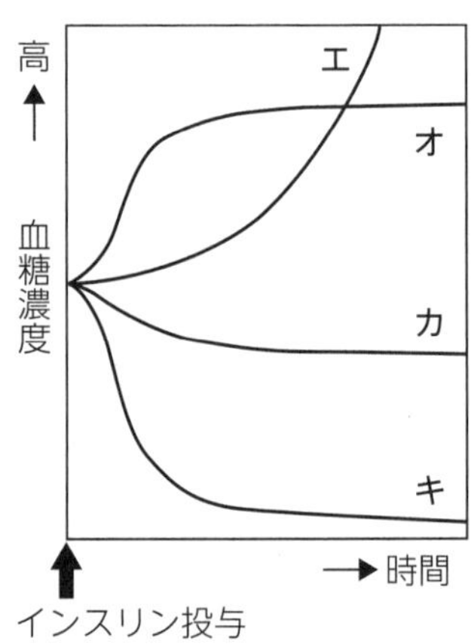

図4

Assist 患者Aは，食後に血糖濃度が上昇しても，血中のウ濃度が(a 上昇 / 低下) しないために高血糖が続くと考えられる。一方，患者Bは，食後に血糖濃度が上昇すると，血中のウ濃度が(b 上昇 / 低下) するが，(c　　　　) 細胞がウに反応しにくいために高血糖が続くと考えられる。

(20　島根大　改題)

解説 (1)アは食事後に濃度が低下しているので，血糖濃度を上昇させる働きのグルカゴンである。糖尿病であるかどうかによらず食事後に血糖濃度は上昇するので，イは血糖濃度である。よってウはインスリンである。　(2)図2より，患者Aの血糖濃度が食後に低下しないのは，インスリンが分泌されないためだと考えられる。よって，インスリンを投与すると血糖濃度は大きく低下すると考えられる。図3より，患者Bは，健康な人と同様にインスリン濃度は食後に上昇する。にもかかわらず，血糖濃度があまり低下しないことから，標的細胞がインスリンに反応しにくくなっていると考えられる。よって，インスリンを投与しても血糖濃度は大きくは変化しないと考えられる。

解答 (1)ア…グルカゴン　イ…血糖　ウ…インスリン　(2)患者A…キ　患者B…カ　Assist　a…上昇　b…上昇　c…標的

↓解説動画

標準例題 5 二次応答と拒絶反応

➡ 問題 70

免疫に関する次の各問いに答えよ。

(1) マウスに，過去に侵入したことのない抗原 P を注射し(0 日目)，抗原 P に対して産生された抗体 p の量を 40 日間調べた(図 1)。さらに 40 日目に，同じマウスに抗原 P と，抗原 P とは異なる過去に侵入したことのない抗原 Q を同時に注射した場合，40 日目以降のマウスで産生される抗体 p の量と，抗原 Q に対する抗体 q の量は，それぞれどのようになるか。最も適当なものを図 2 の①～⑤のなかからそれぞれ選び，番号で答えよ。

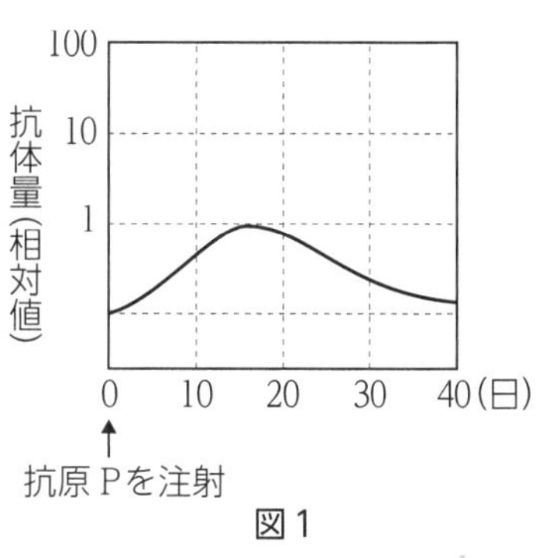

図 1

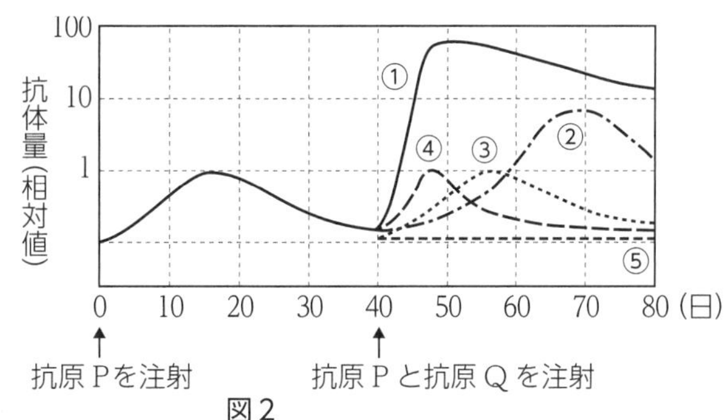

図 2

抗体 p ＿＿＿＿ 抗体 q ＿＿＿＿

(2) 遺伝子構成の異なる黒いマウスと白いマウスを用意し，黒いマウスの皮膚片を白いマウスに移植すると，移植後 7 日で皮膚片は脱落した。そこで，黒いマウスの皮膚片の移植を受けた白いマウス(移植マウス)と，移植を受けていない白いマウスをそれぞれ複数用意し，次の実験 1，2 を行った。これらの結果として最も適当なものを，下の①～④のなかからそれぞれ選び，番号で答えよ。なお，実験に用いた白いマウスの遺伝子構成は，みな同じである。

実験 1 移植マウスどうしで皮膚移植を行った。

実験 2 移植を受けていない白いマウスに，移植マウス(移植後 60 日)のリンパ球を注射した後，黒いマウスの皮膚片を移植した。

① 7 日よりはやく脱落する　② 7 日で脱落する

③ 7 日より後に脱落する　④ 生着する

実験 1 ＿＿＿＿ 実験 2 ＿＿＿＿

Assist 移植マウスのリンパ球には，黒いマウスの皮膚片を認識した(a 　　　　)細胞が含まれている。このため，そのリンパ球を注射した後に黒いマウスの皮膚片を移植すると，(b 一次 / 二次)応答が起こる。

(20 佛教大 改題)

解説 (1)侵入が一度目の抗原 Q には一次応答，二度目の抗原 P には二次応答が起こる。二次応答では，一次応答に比べ短期間に大量の抗体が産生される。
(2)実験 1 では，遺伝的に同じマウスどうしで移植を行うため，皮膚は生着する。実験 2 では，注射したリンパ球に記憶細胞が含まれるため，移植された皮膚片に対して二次応答が起こり，一次応答が起こった場合よりもはやく移植した皮膚が脱落する。

解答 (1)抗体 p…① 抗体 q…③ (2)実験 1…④ 実験 2…① Assist a…記憶 b…二次

標準問題

思考

67. 自律神経系と内分泌系 次の文章を読み，下の各問いに答えよ。

哺乳類の体内環境の調節では，a 自律神経系と内分泌系が重要な役割を担っている。ホルモンは内分泌腺から分泌されて，血液循環により全身をめぐり，標的器官に存在する受容体に結合して作用する。たとえば，食後に血糖値が上昇した際には，すい臓から分泌される(　ア　)が標的細胞に作用する。(　ア　)の分泌量低下や，(　ア　)に対する反応性の低下は糖尿病の発症と関連している。また食後には，b 脂肪細胞から分泌されるレプチンというホルモンが視床下部に作用して食欲を低下させる。その他のホルモンの作用例として，体温低下時には甲状腺から分泌される(　イ　)や，副腎髄質から分泌される(　ウ　)が，肝臓や筋肉などで代謝を促進することが知られている。

(1) 下線部 a について，副交感神経が分布していないものを，次の①～⑩のなかから２つ選べ。

① 胃　② 肝臓　③ 気管支　④ 小腸　⑤ 心臓
⑥ すい臓　⑦ 副腎(髄質)　⑧ ぼうこう　⑨ 立毛筋　⑩ 涙腺

(2) 文中の(　　)に当てはまるホルモン名を，次の①～⑨のなかからそれぞれ選べ。

① 鉱質コルチコイド　② 糖質コルチコイド　③ 成長ホルモン
④ アドレナリン　⑤ インスリン　⑥ グルカゴン
⑦ チロキシン　⑧ バソプレシン　⑨ パラトルモン

ア　　イ　　ウ

(3) 下線部 b について，レプチンに関係する２種類の肥満マウス X と Y を用いて次の実験を行った。実験結果からわかることとして適当なものを，下の①～⑥のなかから２つ選べ。

実験 右の図のように，肥満マウス X と肥満マウス Y の血管を管でつないで血液を循環させた。その結果，肥満マウス X は食欲が低下したが，肥満マウス Y に変化はみられなかった。

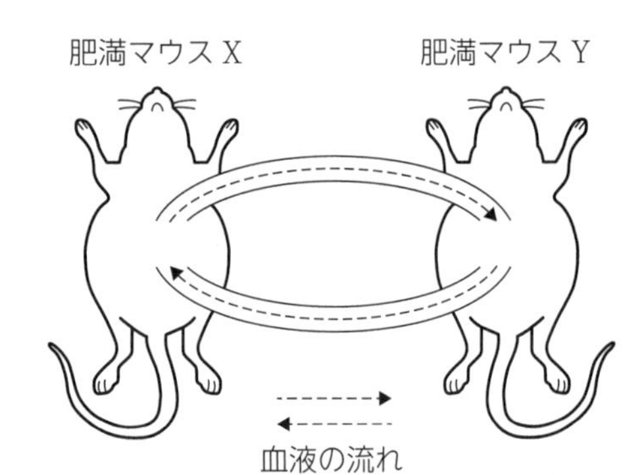

① 肥満マウス X はレプチン分泌に異常がある。
② 肥満マウス X はレプチン受容体に異常がある。
③ 肥満マウス Y はレプチン分泌に異常がある。
④ 肥満マウス Y はレプチン受容体に異常がある。
⑤ 肥満マウス X はレプチン分泌およびレプチン受容体に異常がある。
⑥ 肥満マウス Y はレプチン分泌およびレプチン受容体に異常がある。

(20　金沢医科大　改題)

ヒント (3)レプチン分泌とレプチン受容体のどちらに異常があるのかを考える。

知識 作図

68. 血糖濃度の調節　次の文章を読み，下の各問いに答えよ。

体内の恒常性の維持には，意思とは無関係に作用する(　ア　)神経系と，内分泌腺から分泌されるホルモンとが協調して働く場合がある。その代表例として血糖濃度の調節がある。ヒトの血糖濃度は0.1％前後で維持されており，食後に血糖濃度が上昇すると，間脳の(　イ　)から(　ウ　)神経を通じて情報が伝えられ，すい臓のランゲルハンス島のB細胞から(　エ　)が分泌される。(　エ　)は，グルコースの細胞内への取り込みや消費を促進し，肝臓におけるグルコースから(　オ　)への合成を促進する。この調節機能がうまく働かず高血糖状態が続く病態を(　カ　)という。(　カ　)は，1型と2型の2つの型に分類される。

1型	すい臓のランゲルハンス島のB細胞が破壊され，食後でも(　エ　)がほとんど分泌されなくなることによって血糖濃度が高くなっている。
2型	加齢や生活習慣などが原因で，標的細胞の(　エ　)に対する反応性の低下が徐々に起こり，その結果として血糖濃度が高くなっている。

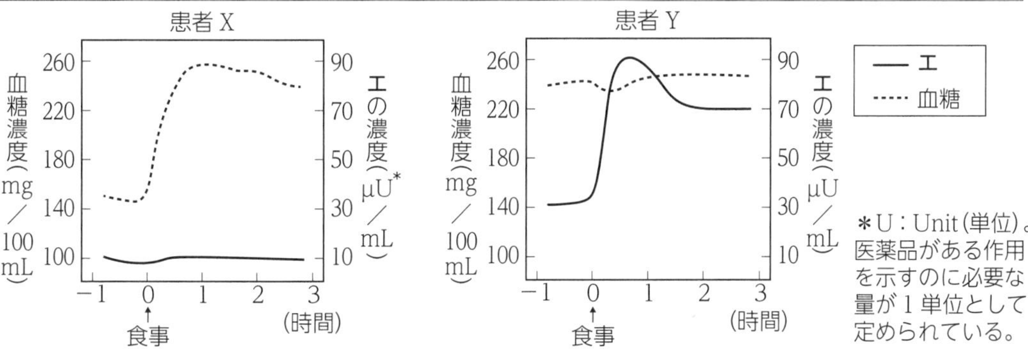

＊U：Unit(単位)。医薬品がある作用を示すのに必要な量が1単位として定められている。

(1)　文中の(　　)に適する語をそれぞれ答えよ。

ア　　　イ　　　ウ

エ　　　オ　　　カ

(2)　患者Xおよび患者Yは，一方が1型で，他方が2型である。それぞれの型を答えよ。

(3)　健康なヒトの食事による血糖濃度の変化を破線のグラフで，(　エ　)の濃度の変化を実線のグラフで図示せよ。

なお，健康なヒトの空腹時の血糖濃度の正常値は100mg/100mL未満，および(　エ　)の濃度の正常値は15μU/mL未満とし，食後1時間の血糖濃度の正常値は140mg/100mL未満および(　エ　)の濃度の正常値は70μU/mL未満とする。

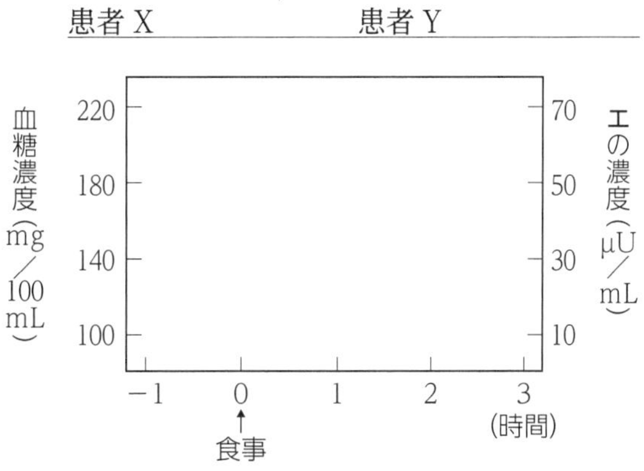

(17　弘前大　改題)

ヒント　(3)一般に，血糖濃度のピークは食後1時間程度に現れる。

第3章 ヒトのからだの調節

思考

69. 免疫　次の文章を読み，下の各問いに答えよ。

図１に示すように，体内に侵入した抗原は免疫細胞Ｐに取り込まれて分解される。免疫細胞ＱおよびＲは抗原の情報を受け取り活性化し，免疫細胞Ｑは別の免疫細胞Ｓの食作用を刺激して病原体を排除し，免疫細胞Ｒは感染細胞を直接排除する。免疫細胞の一部は記憶細胞となり，再び同じ抗原が体内に侵入すると急速で強い免疫応答が起きる。免疫細胞Ｐは(　ア　)，免疫細胞Ｑは(　イ　)，免疫細胞Ｐ～Ｓのうち記憶細胞になるのは(　ウ　)である。

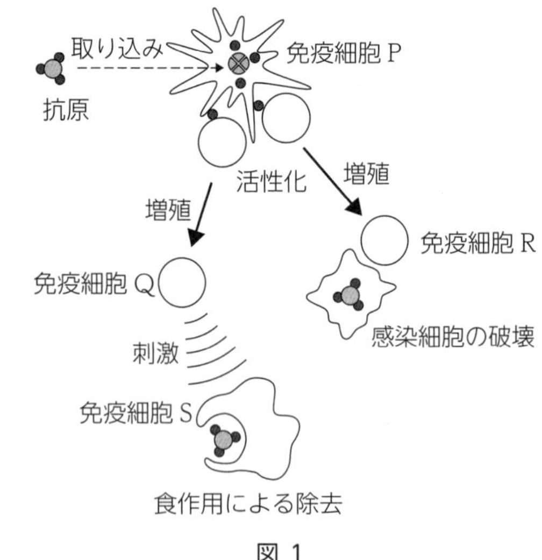

図１

(1) 文中の(　ア　)および(　イ　)に適する語を，(　ウ　)にＰ～Ｓのうち適する記号を２つ答えよ。

ア　　　　イ　　　　ウ

(2) 抗体の産生に至る免疫細胞間の相互作用を調べる実験を行った。実験結果の説明として最も適当なものを，下の①～⑤のなかから選び，番号で答えよ。

実験　マウスからリンパ球を採取し，その一部をＢ細胞およびＢ細胞を除いたリンパ球に分離した。これらと抗原とを図２の培養の条件のように組み合わせて，それぞれに抗原提示細胞（抗原の情報をリンパ球に提供する細胞）を加えた後，含まれるリンパ球の数が同じになるようにして培養した。４日後に細胞を回収し，抗原に結合する抗体を産生している細胞の数を数えたところ，図２の結果が得られた。

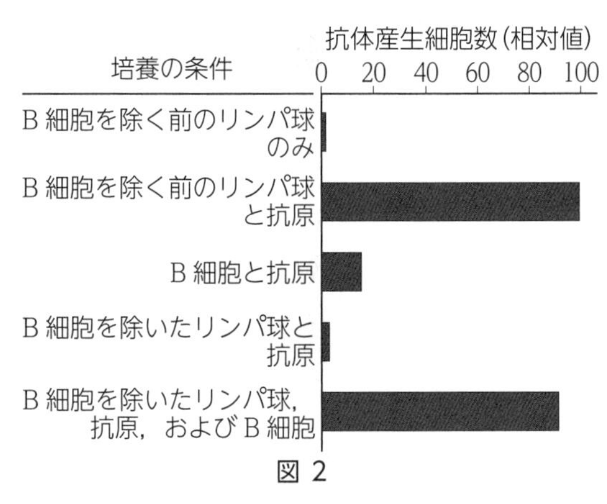

図２

① Ｂ細胞は，抗原が存在しなくても抗体産生細胞に分化する。
② Ｂ細胞の抗体産生細胞への分化には，Ｂ細胞以外のリンパ球は関与しない。
③ Ｂ細胞を除いたリンパ球には，抗体産生細胞に分化する細胞が含まれる。
④ Ｂ細胞を除いたリンパ球には，Ｂ細胞を抗体産生細胞に分化させる細胞が含まれる。
⑤ Ｂ細胞を除いたリンパ球には，Ｂ細胞が抗体産生細胞に分化するのを妨げる細胞が含まれる。

(20　センター本試　改題)

ヒント　(2)Ｂ細胞を除いたリンパ球には，Ｔ細胞などが含まれている。

思考 やや難 論述

70. 免疫とウイルス 次の文章を読み，下の各問いに答えよ。

インフルエンザウイルスの表面に発現するHA抗原は，抗体に認識される。インフルエンザウイルスには，遺伝情報が変化し，HA抗原の形が少しずつ異なる亜型ウイルスが多数存在する。そこで毎年，流行が予想される亜型ウイルスから精製されたHA抗原を含むワクチンが接種される。以下は3人のインフルエンザウイルス感染に関する記述である。

Aさん 昨年，インフルエンザに感染せず，今年は流行前にHA-1型抗原を含むワクチンを接種した。

Bさん 昨年, HA-2およびHA-3型抗原をもつ2種類のインフルエンザに感染し, 今年はHA-1型抗原を含むワクチンを接種した。

Cさん 昨年，HA-1およびHA-3型抗原をもつ2種類のインフルエンザに感染したが，今年はワクチンを接種しなかった。

その後，HA-1，HA-2，HA-3型抗原のいずれかをもつインフルエンザウイルスが2種類同時に流行し，Aさんは感染後，高熱などのひどい症状が出たが，BさんとCさんは，感染しても症状はひどくならなかった。そこで，体内の免疫細胞の増減を調べた。

(1) 症状がひどくならなかったCさんで働き，症状がひどいAさんでは働かなかった免疫応答の名称を答えよ。また，Aさんの症状を引き起こしたウイルスがもつHA抗原の型を答えよ。

免疫応答の名称　　　　HA抗原の型

(2) 下の図のグラフ1とグラフ2のいずれかはAさんの，残りはBさんあるいはCさんのデータである。図中の線Ⅰ～Ⅳは，ウイルス，NK細胞，T細胞，抗体の量の経時的変化のいずれかを示している。このうち，線Ⅲは何の経時的変化を示しているか答えよ。

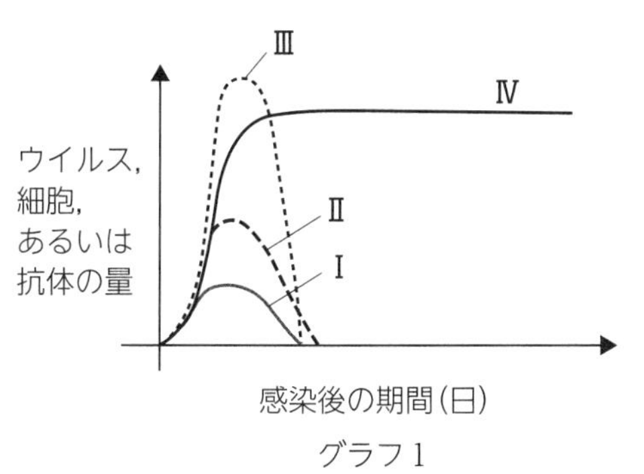

グラフ1

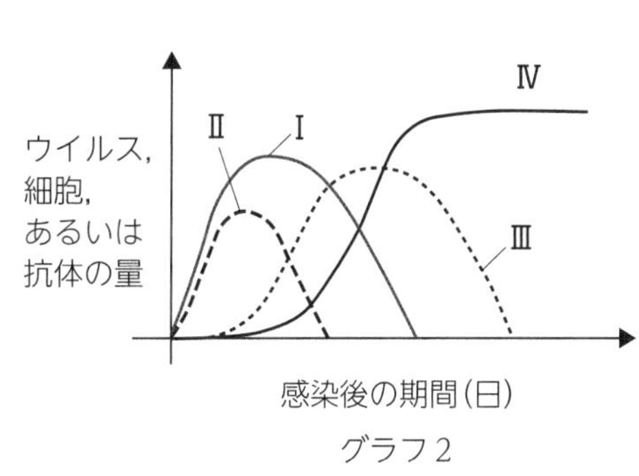

グラフ2

(3) ヒトの皮膚がウイルスからの感染を防いでいる理由を, ウイルスの性質に着目して50字以内で答えよ。

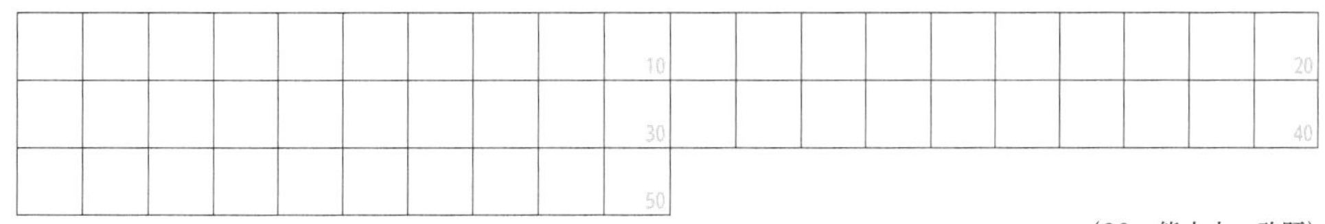

(20 熊本大 改題)

ヒント (2)反応の速度や強さの違いから, グラフ1と2がそれぞれ一次応答と二次応答のどちらかを考える。

第4章 植生と遷移

1 植生と遷移

A 植生と環境の関わり

(a) **植生の分類** ある地域における植物の集まりを(1　　　　)という。そのなかで，個体数が多く，占有する生活空間が最も大きい種を(2　　　　)という。主にこの種により決まる植生の外観上の様相を(3　　　　)という。これにもとづいて，(1　　　　)は次の3つに大別される。

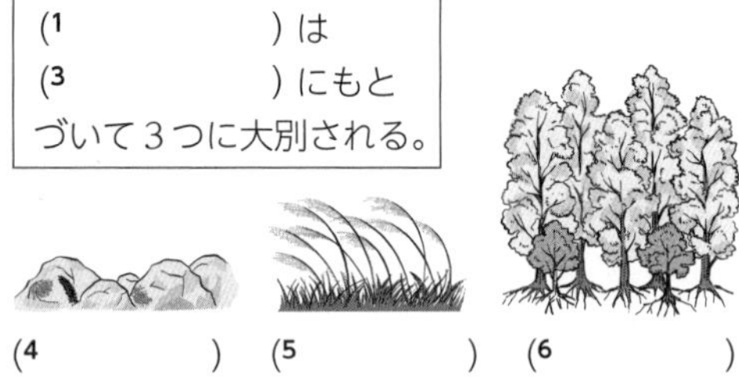

❶(4　　　　)…草本や低木がまばらに生育。生育する植物の個体数や種数が少ない。

❷(5　　　　)…主に草本で構成。一般に地表の50％以上が草本におおわれている。

❸(6　　　　)…木本が密に生育。ふつう，高木が優占種となる。

(b) **植生と環境** 植物は自ら移動しないため，植生を構成する植物は，それぞれの生育する環境(光・温度・土壌・水)の影響を強く受けている。

● (7　　　　)…生物はそれぞれの生育環境に適応した生活様式をもつ。その生活様式を反映した生物の形態のこと。〔例〕広葉樹や針葉樹

(c) **植生と土壌**

❶(8　　　　)…岩石が風化して細かい粒状になった砂や泥に，落葉など生物の遺骸が分解されて生じた有機物が混入してできたもの。温帯の森林で特に発達し，草原では薄く，荒原では発達しにくい。

❷(9　　　　)…土壌中の砂や腐植などが，ミミズや菌類の活動によって粒状のかたまりになった構造。

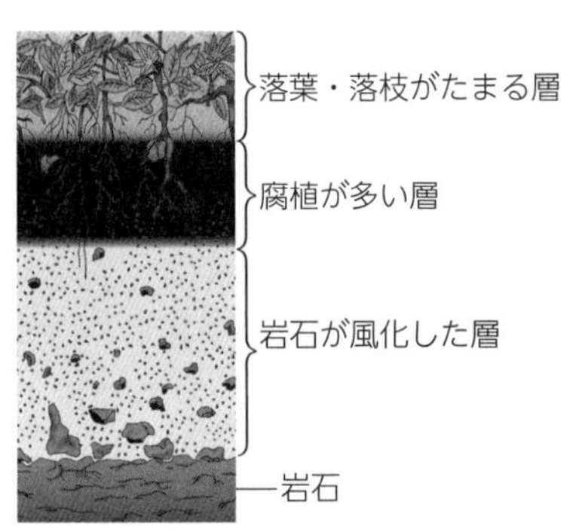

◀土壌の断面▶

(d) **植生と光環境** 森林にみられる垂直方向の層状の構造を(10　　　　)という。構成する植物の高さによって，高木層，亜高木層，低木層，草本層などの階層や，コケが生育する(11　　　　)がみられることがある。

❶(12　　　　)…高木の葉が見かけ上つながって森林表面をおおっている部分。

❷(13　　　　)…森林の地表に近い部分。

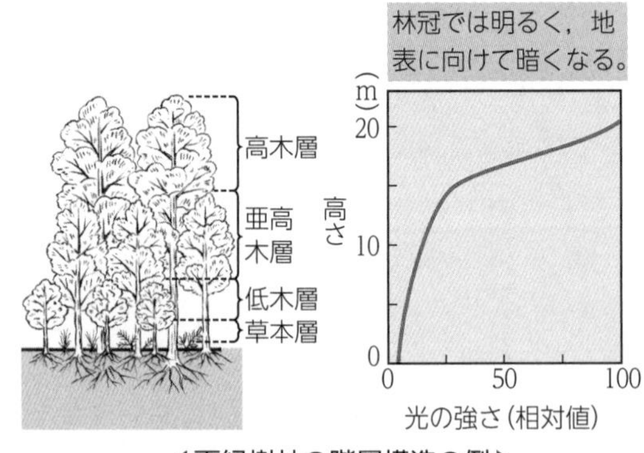

◀夏緑樹林の階層構造の例▶

(e) **光の強さと光合成**　植物が，光合成によって一定時間に吸収する二酸化炭素の量を(14　　　)といい，呼吸によって一定時間に放出する二酸化炭素の量を(15　　　)という。これらの差は(16　　　)と呼ばれる。

CO2の吸収速度　光の強さ　(14　)　(16　)　(15　)　(17　)　(18　)

❶(17　　　)…光合成速度と呼吸速度が同じときの光の強さ。二酸化炭素の出入りは，見かけ上みられない。

❷(18　　　)…それ以上光を強くしても光合成速度が変化しなくなる光の強さ。

(f) **光の強さと植物の適応**

❶(19　　　)…日当たりのよい場所に生育する植物。光補償点と光飽和点が高い。強い光のもとでは成長が速いが，光の弱い場所では生育しにくい。

❷(20　　　)…弱い光の場所に生育する植物。光補償点と光飽和点が低い。

❸(21　　　)…陽生植物の特徴を示す樹木。〔例〕アカマツ，コナラ

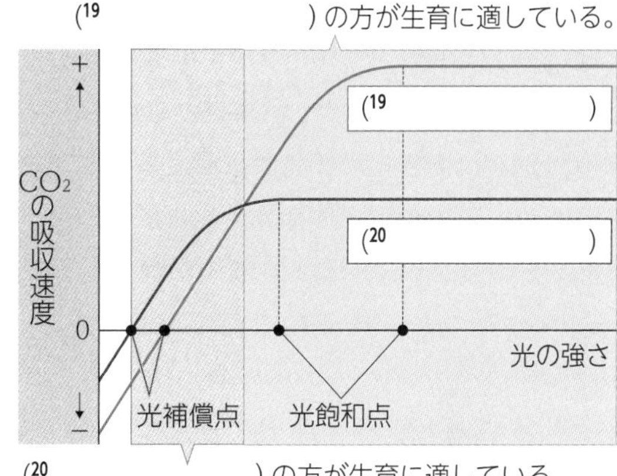

❹(22　　　)…芽ばえや幼木の時期に陰生植物の性質を示す樹木。光が届きにくい林床でも生育できる。〔例〕スダジイ，ブナ

❺陽葉…陽生植物に似た光合成の特徴をもつ，日当たりのよい場所につく厚く小さい葉。

❻陰葉…陰生植物に似た光合成の特徴をもつ，日当たりの悪い場所につく薄く大きい葉。

陽葉の断面　陰葉の断面　葉肉部分が厚い　表皮

B 遷移のしくみ

植生が長い年月の間に変化していくことを(23　　　)という。

(a) **遷移のはじまり**　新しくできた裸地には土壌がないので，保水力も弱く，栄養塩類もほとんどない。そのため，貧栄養や乾燥に耐性をもった(24　　　)と呼ばれる生物が最初に進入する。〔例〕コケ植物，地衣類，ススキ，イタドリなど

解答　1…植生　2…優占種　3…相観　4…荒原　5…草原　6…森林　7…生活形　8…土壌　9…団粒構造　10…階層構造　11…地表層　12…林冠　13…林床　14…光合成速度　15…呼吸速度　16…見かけの光合成速度　17…光補償点　18…光飽和点　19…陽生植物　20…陰生植物　21…陽樹　22…陰樹　23…遷移　24…先駆種(パイオニア種)

(b) **遷移の過程とその要因**

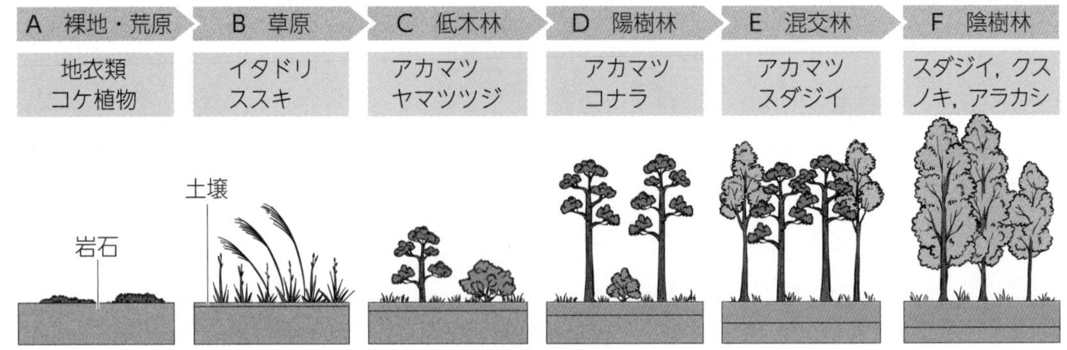

◀乾性遷移▶

A→B　先駆種の働きによって土壌が形成されはじめ，裸地・荒原から草原になる。

B→C　明るいところで速く成長する（1　　　　　）であるアカマツなどの木本が生育するようになり，低木林となる。

C→D　アカマツなどが成長して高木となり，陽樹林が成立する。

D→E　陽樹林の林床では光が減少し，陽樹の芽ばえが成長しにくくなる。その一方，（2　　　　　）であるアラカシやスダジイなどの芽ばえが成長し，やがて混交林が成立する。

E→F　混交林の陽樹が枯れると陰樹のみが残り，陰樹林が成立する。

●構成種に大きな変化がみられず，安定した植生の状態を（3　　　　　）と呼び，このときの森林を（4　　　　　）という。

	遷移	初期 ──→ 極相
植物の特徴	種子の移動力	大 ◢ 小
	優占種の高さ	低 ◢ 高
	優占種の性質	陽生植物 ── 陰生植物
環境要因	地表に届く光の強さ	強 ◢ 弱
	地表の湿度	低 ◢ 高
	土壌	未発達 ◢ 発達

◀遷移に伴うさまざまな変化▶

(c) **樹種の入れ替わり**　台風による倒木などで林冠が途切れた空間を，（5　　　　　）という。極相林は均質ではなく，つねにさまざまな大きさの（5　　　　　）が点在しており，この大きさによっては，陽樹が生育するようになることもある。

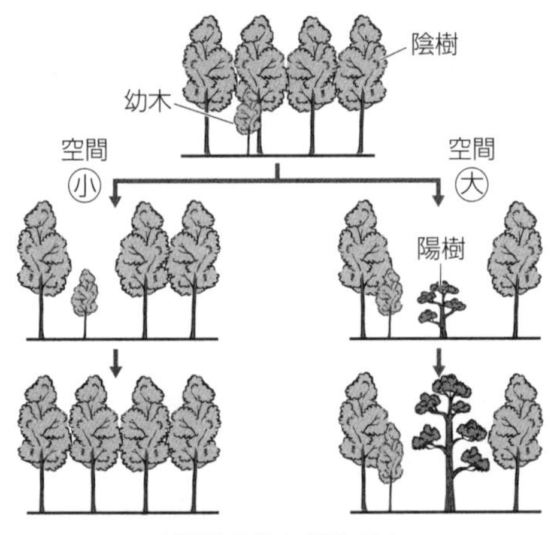

◀樹種の入れ替わり▶

(d) **さまざまな遷移**

❶（6　　　　　）…土壌がなく，生物もいない状態からはじまる遷移。

❷（7　　　　　）…山火事跡など，すでに土壌などが存在する状態からはじまる遷移。

❸（8　　　　　）…火山の噴火後など，陸上ではじまる一次遷移。

❹（9　　　　　）…湖沼に土砂や植物の遺骸が堆積するところからはじまる一次遷移。

2 バイオーム

A 遷移とバイオーム

地球上のさまざまな環境に適応した植物や動物などが，互いに関係をもちながら形成する特徴のある集団を(10　　　　　　)と呼ぶ。それぞれの地域に生育する植物に依存して成り立つため，植生の違いをもとに区別することができる。また，気候と密接に関わっており，主に(11　　　　　　　　)と(12　　　　　　　)によって決まる。

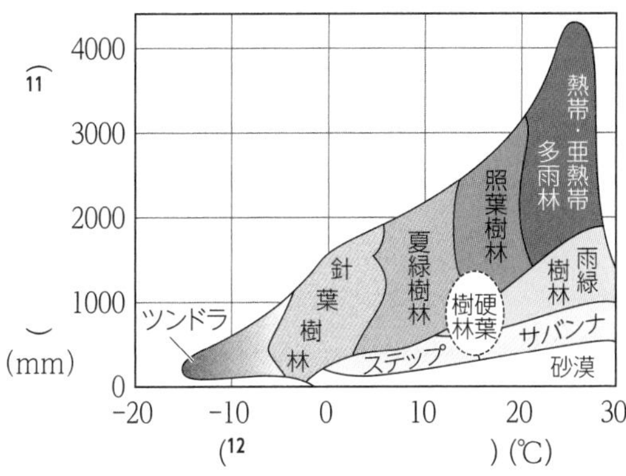

(a) 世界のバイオーム

バイオーム	特　徴	主な植物
熱帯多雨林	50m を超える常緑広葉樹，つる植物，着生植物など多種多様な植物が生育。	フタバガキ，つる植物，着生植物
亜熱帯多雨林	常緑広葉樹が優占。木生シダ類も生育。	アコウ，ガジュマル，ヘゴ(木生シダ)
(13　　　　)	雨季と乾季のくり返される地域で，乾季に落葉する落葉広葉樹からなる森林。	チーク
照葉樹林	クチクラ層の発達した硬くて光沢のある葉をもつ常緑広葉樹が優占。	スダジイ(シイ類)，カシ類，タブノキ，クスノキ
夏緑樹林	冬季に落葉する落葉広葉樹が優占。	ブナ，ミズナラ，カエデ類
針葉樹林	主に耐寒性の強い常緑針葉樹が優占。樹種の多様性は低い。	モミ類やトウヒ類，カラマツ類(落葉針葉樹)
(14　　　　)	クチクラ層の発達した，硬く小さい乾燥に適応した葉をもつ常緑広葉樹が優占。	オリーブ，ゲッケイジュ，コルクガシ，ユーカリ
(15　　　　)	雨季と乾季のある熱帯の草原で，樹木がまばらに生育。	イネのなかま(草本)，アカシア(樹木)
(16　　　　)	温帯・亜寒帯地域の草原。	イネのなかま(草本)
砂漠	乾燥に適応した多肉植物などが点在。	サボテン，トウダイグサ
(17　　　　)	地衣類やコケ植物が主体の荒原。低温のため，土壌が未発達で栄養塩類が少ない。	地衣類，コケ植物，コケモモ(樹高 10cm 程度の木本)

解答　1…陽樹　2…陰樹　3…極相（クライマックス）　4…極相林　5…ギャップ　6…一次遷移　7…二次遷移　8…乾性遷移　9…湿性遷移　10…バイオーム　11…年降水量　12…年平均気温　13…雨緑樹林　14…硬葉樹林　15…サバンナ　16…ステップ　17…ツンドラ

(b) **日本のバイオーム** 日本列島は南北に長いため，緯度によって年平均気温が大きく異なり，分布するバイオームも異なる。このような水平方向のバイオームの分布を(1　　　　　)と呼ぶ。また，標高によっても年平均気温が変化し，異なるバイオームが分布する。このような垂直方向の分布を(2　　　　　)と呼ぶ。

❶気温は，標高が(3　　　　)m 上がるごとに 0.5 ～ 0.6℃低くなる。

❷高山などで低温などにより森林が成立できなくなる境界を(4　　　　　)という。

針葉樹と落葉広葉樹の混交林
針葉樹林
エゾマツ，トドマツ，アカエゾマツ
夏緑樹林
ブナ，ミズナラ，イロハモミジ
照葉樹林
スダジイ，アラカシ
タブノキ，クスノキ
亜熱帯多雨林
アコウ，ガジュマル
アダン，ヘゴ
45°
40°
35°
30°
25°
125°
130°
135°
140°
145°

◀日本のバイオームの水平分布▶

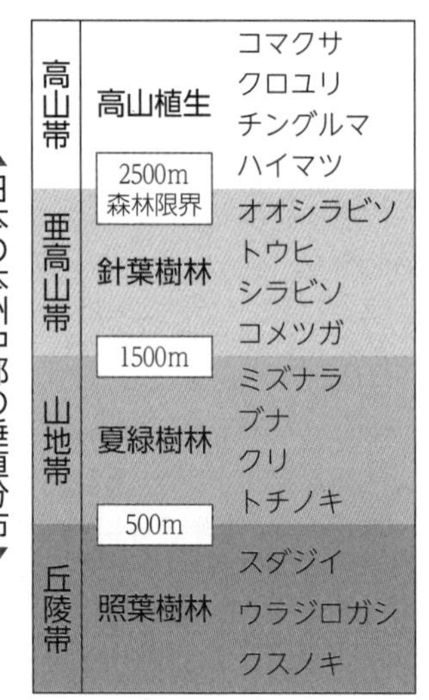

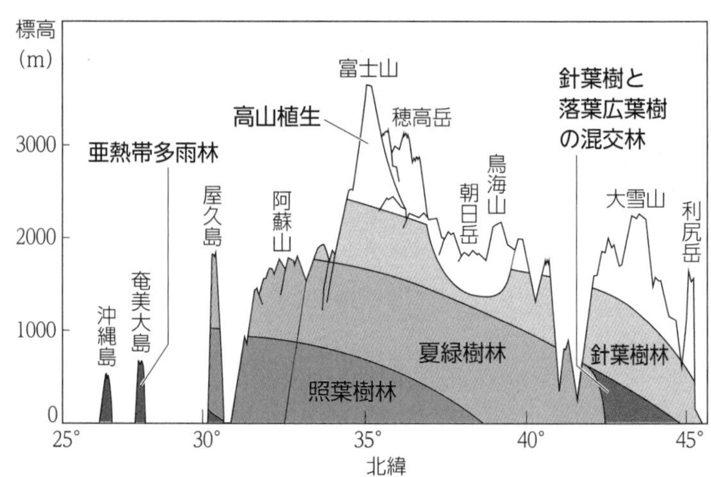

◀日本のバイオームの垂直分布▶

(c) **暖かさの指数** 植物の生育に必要な最低の温度を 5℃と仮定し，月平均気温が 5℃を超える月の月平均気温から 5 を引き，1 年間分を合計した値を，暖かさの指数と呼ぶ。降水量が多く森林が形成される地域では，年平均気温よりも暖かさの指数の方が実際のバイオームにより対応している場合がある。

気候帯	暖かさの指数	バイオーム
寒　帯	0 ～ 15	(5　　　　)
亜寒帯	15 ～ 45	針葉樹林
冷温帯	45 ～ 85	(6　　　　)
暖温帯	85 ～ 180	(7　　　　)
亜熱帯	180 ～ 240	亜熱帯多雨林
熱　帯	240 ～	熱帯多雨林

解答　**1**…水平分布　**2**…垂直分布　**3**…100　**4**…森林限界　**5**…ツンドラ　**6**…夏緑樹林　**7**…照葉樹林

プロセス Process

1. ある地域に生育する植物の集まりを何というか。 1. ＿＿＿＿

2. 植生を森林・草原・荒原などに分類する，植生の外観上の様相のことを何というか。 2. ＿＿＿＿

3. 個体数が多く，占有している生活空間が最も大きい，植生の相観を決定づける種のことを何と呼ぶか。 3. ＿＿＿＿

4. 生物が環境に適応して発達させる，生活様式を反映した生物の形態を何というか。 4. ＿＿＿＿

5. 岩石が風化したものと，生物の遺骸などの分解により生じた有機物が混入してできたものを何と呼ぶか。 5. ＿＿＿＿

6. 高木の葉の繁っている部分が見かけ上つながりあい，森林の外表面をおおっている部分を何というか。 6. ＿＿＿＿

7. 6 に対して森林内で光の届きにくい地表に近い部分を何というか。 7. ＿＿＿＿

8. 森林は異なった高さの植物で構成されており，垂直方向の層状の構造がみられる。この構造を何と呼ぶか。 8. ＿＿＿＿

9. 光合成速度から呼吸速度を引いた値を何と呼ぶか。 9. ＿＿＿＿

10. 光合成速度と呼吸速度が等しくなるときの光の強さを何というか。 10. ＿＿＿＿

11. それ以上光を強くしても光合成速度が変化しなくなったときの光の強さを何というか。 11. ＿＿＿＿

12. 光補償点・光飽和点がともに低く，弱い光の下でも生育できる植物を何と呼ぶか。 12. ＿＿＿＿

13. 陽生植物に似た光合成の特徴をもち，日当たりのよい場所につく葉を何と呼ぶか。 13. ＿＿＿＿

解答　1. 植生　2. 相観　3. 優占種　4. 生活形　5. 土壌　6. 林冠　7. 林床　8. 階層構造　9. 見かけの光合成速度　10. 光補償点　11. 光飽和点　12. 陰生植物　13. 陽葉

☑ 14. ある地域の植生が長い年月の間に変化していくことを何というか。 14. ＿＿＿＿＿＿

☑ 15. 遷移の初期段階にみられる種を何というか。 15. ＿＿＿＿＿＿

☑ 16. 遷移の最終段階で，植生の構成種に大きな変化がみられなくなり安定した状態を何というか。 16. ＿＿＿＿＿＿

☑ 17. 高木が枯死したり台風などで倒れたりすることによってできる，林冠が途切れた空間のことを何というか。 17. ＿＿＿＿＿＿

☑ 18. 湖沼などからはじまる一次遷移を何と呼ぶか。 18. ＿＿＿＿＿＿

☑ 19. 山火事などによって植生が破壊され，土壌などが存在している状態からはじまる遷移のことを何と呼ぶか。 19. ＿＿＿＿＿＿

☑ 20. ある地域に生息している，その環境に適応した植物，動物などを含めた生物の集まりを何というか。 20. ＿＿＿＿＿＿

☑ 21. バイオームの分布を決める主な要因は，年降水量ともう 1 つは何か。 21. ＿＿＿＿＿＿

☑ 22. 冷温帯に分布し，冬季に落葉するブナなどの落葉広葉樹が優占種となるバイオームを何というか。 22. ＿＿＿＿＿＿

☑ 23. 熱帯・亜熱帯の河口付近にみられる，泥地に適応した耐塩性のヒルギのなかまで構成される植生を何というか。 23. ＿＿＿＿＿＿

☑ 24. 緯度の違いに対応したバイオームの分布を何と呼ぶか。 24. ＿＿＿＿＿＿

☑ 25. 標高の違いに対応したバイオームの分布を何と呼ぶか。 25. ＿＿＿＿＿＿

☑ 26. 本州中部では標高 2500m 付近にみられる，森林が成立できなくなる境界を何というか。 26. ＿＿＿＿＿＿

☑ 27. 平均気温が 5℃を超える月の平均気温から 5℃を引き，1 年間分を合計した値を何と呼ぶか。 27. ＿＿＿＿＿＿

解答 14. 遷移　15. 先駆種（パイオニア種）　16. 極相（クライマックス）　17. ギャップ
18. 湿性遷移　19. 二次遷移　20. バイオーム　21. 年平均気温　22. 夏緑樹林　23. マングローブ
24. 水平分布　25. 垂直分布　26. 森林限界　27. 暖かさの指数

↓解説動画

基本例題 13 光の強さと光合成速度

➡ まとめ(p.83) 問題 73, 74

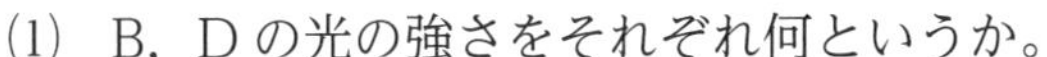

下の図は，光の強さと CO_2 の吸収速度の関係を示したものである。次の各問いに答えよ。

(1) B，D の光の強さをそれぞれ何というか。

B　　　　　　D

(2) E のときのア：光合成速度(mg/(100cm^2・時間))とイ：呼吸速度(mg/(100cm^2・時間))をそれぞれ答えよ。

ア　　　　イ

(3) この図の A ～ E で植物が成長できる光の強さはどれか。次の①～④のなかから最も適当なものを選び，番号で答えよ。

① A，B　② B，C，D，E　③ C，D，E　④ D，E

解説 (1)CO_2 の吸収速度が見かけ上 0 になっているときの光の強さを光補償点といい，それ以上強くしても光合成速度が大きくならないときの光の強さを光飽和点という。
(2)光合成速度を求めるためには，見かけの光合成速度に呼吸速度を足す必要がある。
(3)光補償点では呼吸速度と光合成速度が等しく，生育は可能であるが成長はできない。植物が成長するには，光補償点よりも強い光が必要である。

解答 (1) B…光補償点　D…光飽和点　(2)ア…11　イ…2　(3)③

↓解説動画

基本例題 14 植生の遷移

➡ まとめ(p.84) 問題 75, 76, 77

植生の遷移に関する次の各問いに答えよ。

(1) 裸地からはじまる植生の遷移に関する下の図中の(　　)に適する語をそれぞれ答えよ。

裸地・荒原 ➡ (　A　) ➡ 低木林 ➡ (　B　) ➡ 混交林 ➡ (　C　)

A　　　　B　　　　C

(2) 次の文中の(　　)に適する語をそれぞれ答えよ。

植生の遷移には，陸上ではじまる(　ア　)と，湖沼などからはじまる(　イ　)がある。(　ア　)では，(1)の図のように遷移が進み，森林は安定した状態になる。この安定した状態を(　ウ　)という。

ア　　　　イ　　　　ウ

解説 (1)日本の暖温帯における乾性遷移では，裸地・荒原→ススキなどの草原→低木林→アカマツ・コナラなどの陽樹林→混交林→スダジイなどの陰樹林へと順に進む。　(2)湿性遷移では湖沼が土砂などで埋まって，湿原，草原，森林と遷移していく。

解答 (1)A…草原　B…陽樹林　C…陰樹林　(2)ア…乾性遷移　イ…湿性遷移　ウ…極相(クライマックス)

↓解説動画

基本例題 15　世界のバイオーム

➡ まとめ(p.85)　問題 81，83

右の図は，陸上のバイオームと，それらが分布する地域における年降水量と年平均気温の関係を表したものである。次の各問いに答えよ。

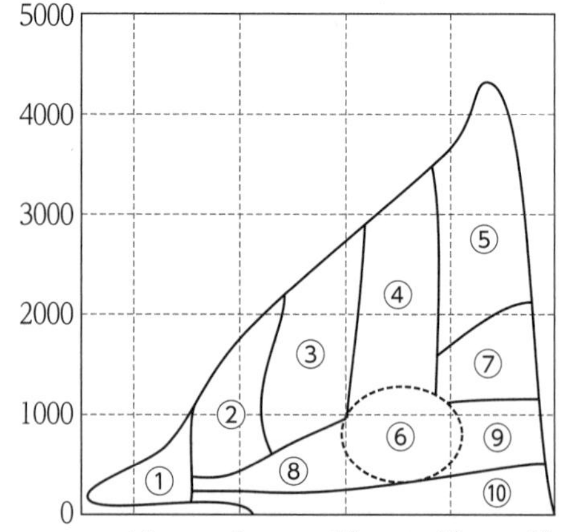

(1)　次のア～エは図中の①～⑩のどれにあたるか。最も適当なものをそれぞれ選べ。

ア　硬葉樹林　　　イ　サバンナ

ウ　雨緑樹林　　　エ　夏緑樹林

ア　　　イ　　　ウ　　　エ

(2)　①～⑩のなかから荒原のバイオーム，草原のバイオームをそれぞれすべて選び，番号で答えよ。

荒原　　　草原

解説　(1)湿潤な環境においては，②針葉樹林→③夏緑樹林→④照葉樹林→⑤熱帯多雨林と変化する。⑤を2つに分けて亜熱帯多雨林と熱帯多雨林とする場合もある。高温の環境においては，⑩砂漠→⑨サバンナ→⑦雨緑樹林→⑤熱帯多雨林と変化する。　(2)荒原，草原以外のバイオームは森林に属する。

解答　(1)ア…⑥　イ…⑨　ウ…⑦　エ…③　(2)荒原…①，⑩　草原…⑧，⑨

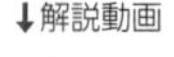

↓解説動画

基本例題 16　日本の垂直分布

➡ まとめ(p.86)　問題 85

下の図は本州中部山岳地域におけるバイオームの分布を模式的に示したものである。

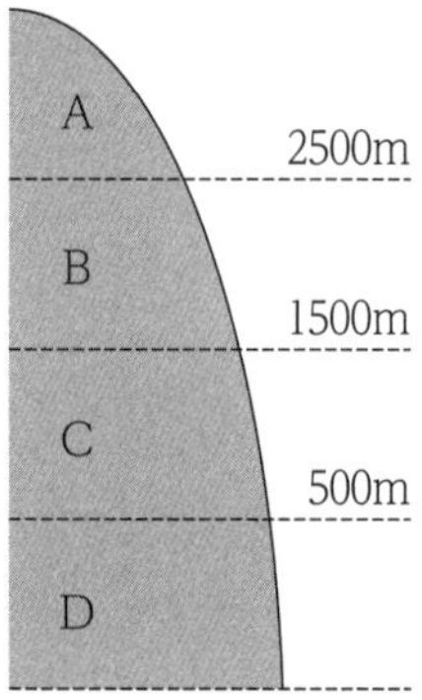

A
2500m
B
1500m
C
500m
D

(1)　それ以上標高が上がると森林が成立できなくなる境界を何というか。

(2)　BとDのバイオームに対応した分布帯を何というか。次の①～④のなかからそれぞれ選び，番号で答えよ。

①　丘陵帯　　　②　亜高山帯

③　山地帯　　　④　高山帯

B　　　D

(3)　Cのバイオームの代表的な植物の組み合わせとして最も適当なものを次の①～⑤のなかから選び，番号で答えよ。

①　コナラ，アカマツ　　②　スダジイ，タブノキ　　③　ミズナラ，ブナ

④　コメツガ，シラビソ　　⑤　シラビソ，ハイマツ

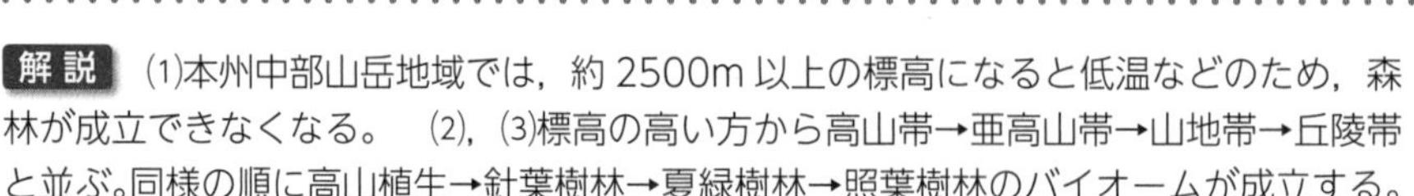

解説　(1)本州中部山岳地域では，約2500m以上の標高になると低温などのため，森林が成立できなくなる。　(2)，(3)標高の高い方から高山帯→亜高山帯→山地帯→丘陵帯と並ぶ。同様の順に高山植生→針葉樹林→夏緑樹林→照葉樹林のバイオームが成立する。

解答　(1)森林限界　(2)B…②　D…①　(3)③

基本問題

知識

71. 植生　植物の集団に関する次の文章を読み，下の各問いに答えよ。

　ある地域に生育する植物全体を(　ア　)という。そのなかで，個体数が多く，占有する生活空間が最も大きい種を(　イ　)という。この(　イ　)によって決められる(　ア　)の外観上の様相を(　ウ　)というが，(　ア　)は(　ウ　)にもとづいて大きく(　エ　)，草原，森林の３つに大別される。草原では，地表の(　オ　)％以上が草本におおわれている。

(1)　文中の(　　)に適する語をそれぞれ答えよ。

ア　　イ　　ウ　　エ　　オ

(2)　下線部について，次の文Ⅰ～Ⅲのなかから(　エ　)，草原，森林の特徴を述べたものをそれぞれ選び，番号で答えよ。

Ⅰ　比較的降水量が多い地域に成立し，樹木が密に生育する。

Ⅱ　気候条件が植物の生育に極端に厳しい環境に成立し，植物が少ない。

Ⅲ　比較的降水量が少ない地域に成立し，主に草本で構成される。

エ　　草原　　森林

知識

72. 森林の構造　森林の構造に関する次の文を読み，下の各問いに答えよ。

発達した森林では植物が空間を立体的に利用しており，図１のような構造がみられる。

(1)　図１のような森林の構造を何というか答えよ。

(2)　図１のＡ層の上部では，葉が繁って見かけ上つながりあっている。このように森林の外表面をおおっている部分を何というか。

(3)　図１のＢ層およびＣ層を何というか答えよ。

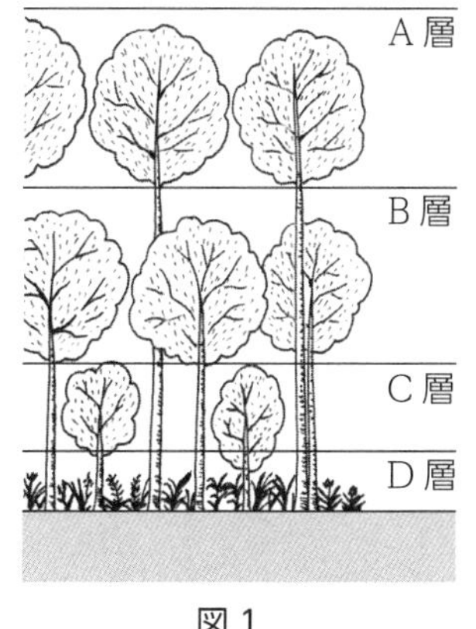

図１

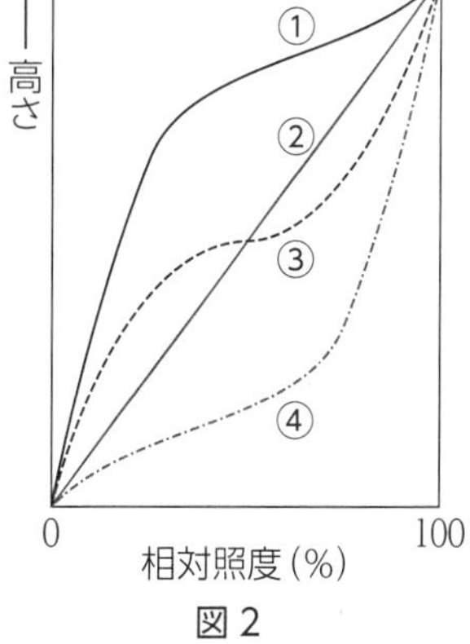

図２

Ｂ層　　Ｃ層

(4)　次の文中の(　　)に適する語を答えよ。

ある１本の樹木において，日当たりのよい場所につく葉と悪い場所につく葉で，特徴が異なることがある。このとき，日当たりのよい上部につく葉を(　ア　)と呼び，日当たりの悪いところにつく葉を(　イ　)と呼ぶ。(　ア　)は(　イ　)よりも１枚当たりの面積が(　ウ　)なり，葉の厚さは(　エ　)なる。

ア　　イ　　ウ　　エ

(5)　森林内の地表からの高さと光の強さの関係を示すグラフとして最も適当なものを図２の①～④のなかから選び，番号で答えよ。

第4章　植生と遷移

知識

73. 光合成速度 下の図は，ある植物において光の強さを変えたときのCO_2の吸収速度の変化を示したものである。次の各問いに答えよ。

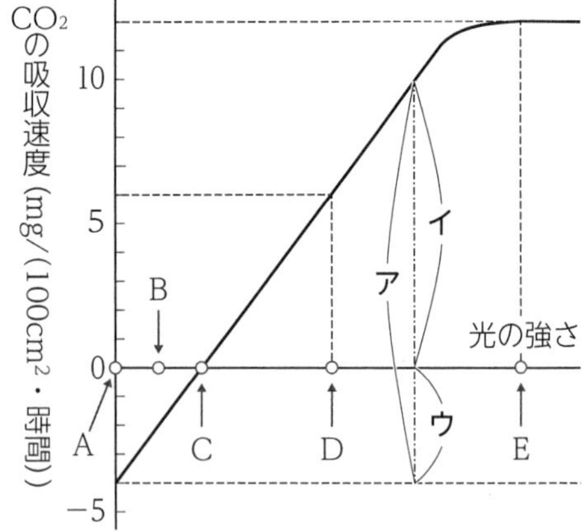

(1) C，Eの光の強さを何というか答えよ。

C　　　　E

(2) 見かけの光合成速度を示す範囲として最も適当なものを図中のア～ウのなかから選び，記号で答えよ。

(3) 光の強さがDのときの，光合成速度(mg/(100cm^2・時間))と呼吸速度(mg/(100cm^2・時間))をそれぞれ答えよ。

光合成速度　　　　呼吸速度

(4) A～Dの光の強さにおいて，光合成と呼吸の関係はどのようになっているか。次の①～⑤のなかから最も適当なものをそれぞれ選び，番号で答えよ。

① 光合成のみが行われている。
② 呼吸のみが行われている。
③ 呼吸速度と光合成速度が等しい。
④ 呼吸速度と光合成速度とでは，呼吸速度の方が大きい。
⑤ 呼吸速度と光合成速度とでは，光合成速度の方が大きい。

A　　　　B

C　　　　D

知識

74. 陽生植物と陰生植物 右の図は，植物Xと植物Yについて，光の強さとCO_2の吸収速度の関係を示したグラフである。次の各問いに答えよ。

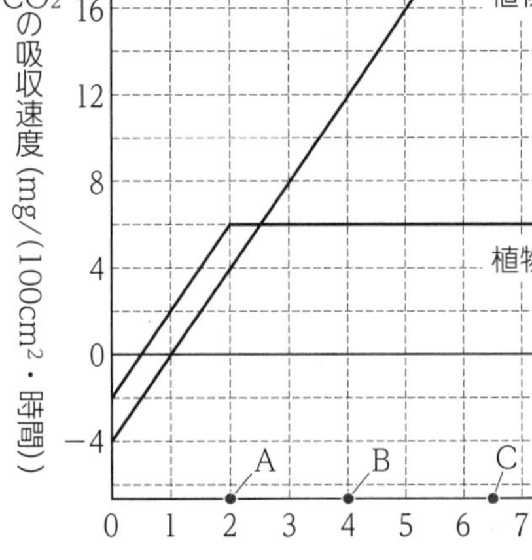

(1) 植物Xの光補償点(ルクス)と植物Yの光飽和点(ルクス)を答えよ。

植物X　　　　ルクス　植物Y　　　　ルクス

(2) 植物Xと植物Yのうち，光補償点および光飽和点が高いのはどちらか。それぞれ答えよ。

光補償点　　　　光飽和点

(3) 光の強さがAまたはCのとき，成長が速いのは植物Xと植物Yのうちどちらか。それぞれ答えよ。

A　　　　C

(4) 光の強さがBのときの植物Xの光合成速度(mg/(100cm^2・時間))と，光の強さがCのときの植物Yの光合成速度(mg/(100cm^2・時間))をそれぞれ答えよ。

植物X　　　　植物Y

知識

75. 植生の遷移　右の図は，本州中部以南の火山(標高200m)の噴火によって裸地が形成された後の，時間経過に伴う植生の高さの変化を示したものである。次の各問いに答えよ。

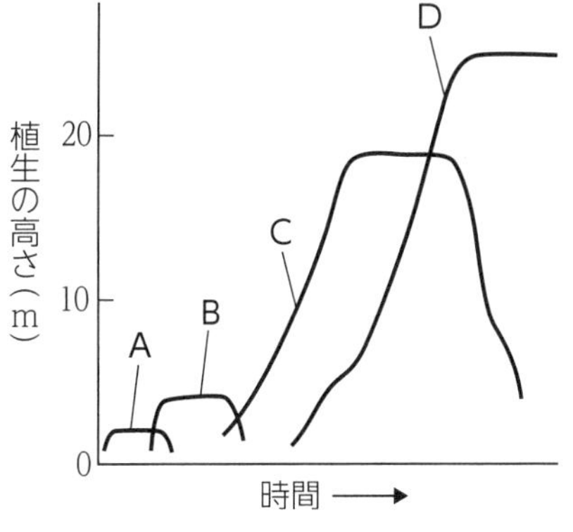

(1)　A～Dに優占すると考えられる植物の組み合わせとして適当なものを次の①～④のなかからそれぞれ選び，番号で答えよ。

①　アカマツ，コナラ　　②　地衣類，コケ類

③　スダジイ，タブノキ　　④　ススキ，チガヤ

A　　B　　C　　D

(2)　A～Dのうち，地表での照度が最も高いと考えられるのはどれか。

(3)　次のア，イは，図中のA～Dのどの特徴を示しているか。それぞれ答えよ。

ア　緑藻類などと菌類の共生した生物が主にみられる

イ　陽樹が優占している

ア　　イ

(4)　Dの段階の植生における種の構成には，時間が経っても大きな変化がみられない。このような植生の状態を何というか。

思考

76. いろいろな遷移　次の図は，陸上ではじまる遷移のさまざまな段階の植生を模式的に表したものである。下の各問いに答えよ。

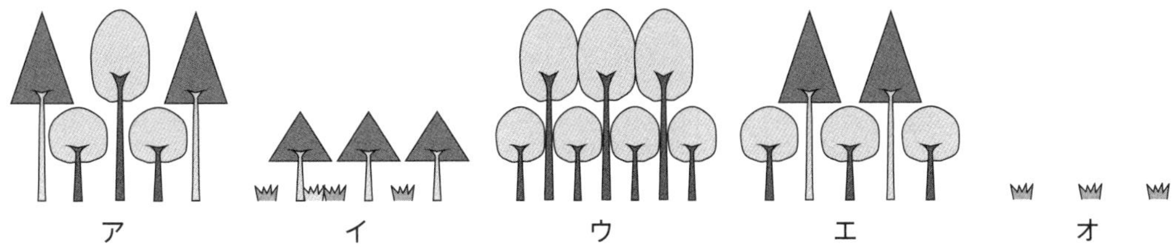

(1)　図のア～オを遷移の進行する順に並べ替えよ。

→　→　→　→

(2)　伐採や山火事で森林が破壊された後に起こる遷移を何というか。

(3)　(2)の遷移は，火山の噴火などからはじまる遷移と異なり，極相に達するのが速い。その理由として適当なものを次の①～④のなかからすべて選び，番号で答えよ。

①　土壌がすでに形成されているから。

②　山火事などの後，日当たりが良くなるので成長が早くなるから。

③　地中に種子や地下茎が残っているから。

④　はじめに極相林を構成する種が進入し，成長して優占するから。

第4章 植生と遷移

知識

77. 火山噴火と遷移　次の文章を読み，下の各問いに答えよ。

ここ数百年の溶岩の噴出年代が明らかになっているある島で，植生の調査を行った。その結果を右の図に示す。A～Dには，次の植生が形成されていた。

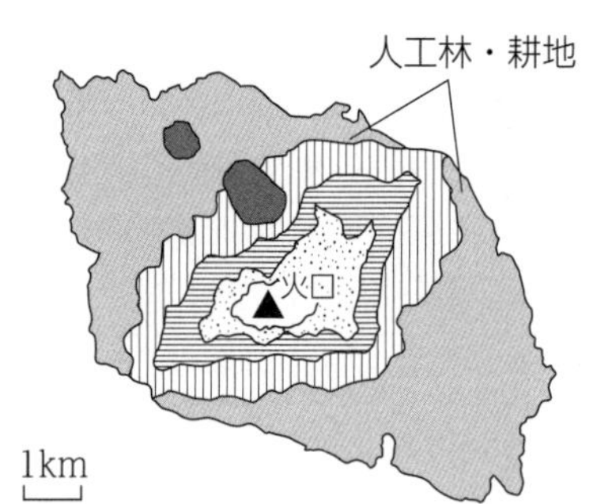

A　aオオバヤシャブシなどの低木林

B　スダジイ・タブノキなどの森林

C　bイタドリやススキの草原

D　アカマツなどの森林

(1)　遷移の初期に進入する植物は何と呼ばれるか答えよ。

(2)　下線部aに関して，オオバヤシャブシの特徴として最も適当なものを次の①～④のなかから選び，番号で答えよ。

①　陰樹であり，日陰でも成長できる。

②　乾燥したところで生育できる。

③　土壌の発達していないところでは生育できない。

④　シダ植物であり，栄養分が少ない環境でも生育できる。

(3)　下線部bに関して，イタドリの種子は主に何によって散布されるか。最も適当なものを次の①～④のなかから選び，番号で答えよ。

①　動物　②　水　③　風　④　重力

(4)　A～Dを溶岩の噴出年代が古い順に並べよ。

→　→　→

知識

78. 乾性遷移に伴うさまざまな変化　乾性遷移が裸地から極相まで進むに伴って，環境要因や植物の特徴は変化していく。これに関する次の文ア～コについて，(　　)のなかから適当な語をそれぞれ選べ。

ア　果実や種子の大きさは(大きく・小さく)なる。

イ　果実や種子の数は(多く・少なく)なる。

ウ　地表の温度変化は(大きく・小さく)なる。

エ　土壌の厚さは(厚く・薄く)なる。

オ　地表の湿度は(高く・低く)なる。

カ　優占種の高さは(高く・低く)なる。

キ　階層構造は(単純・複雑)になる。

ク　強光下での成長速度は(大きく・小さく)なる。

ケ　地表面に届く光の強さは(弱く・強く)なる。

コ　森林を構成する樹木には(陽樹・陰樹)が多くなる。

ア　イ　ウ　エ　オ

カ　キ　ク　ケ　コ

知識
79. 樹種の入れ替わり　樹種の入れ替わりに関する次の文章を読み，下の各問いに答えよ。

遷移において最終的に成立する安定した森林である(　ア　)は均質な森林と考えられやすいが，実際にはさまざまな樹種が混在している。

(　ア　)には，樹木が枯死したり，台風などで倒れたりすることで，(　イ　)の途切れた空間である(　ウ　)が点在している。(　ウ　)には，その大きさによって異なる樹種が生育する。Aのように，(　ウ　)が小さい場合には，[a]の幼木が成長し(　ウ　)を埋める。Bのように，(　ウ　)が大きい場合には，まず，[b]の種子が発芽して成長し，(　ウ　)を埋める。その後[b]の下で[c]が生育する。

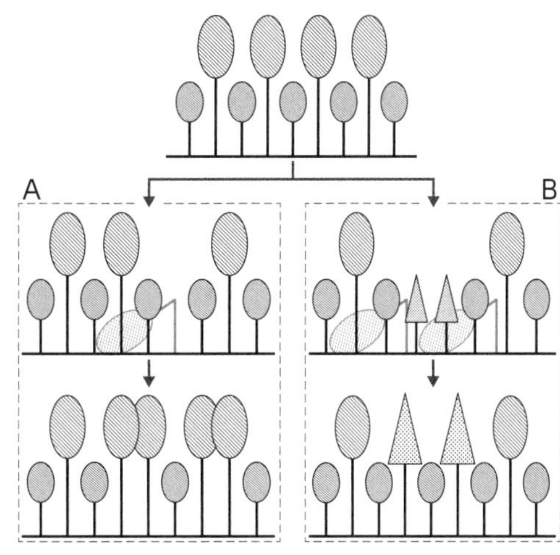

(1)　文中の空欄(　ア　)～(　ウ　)に適する語を答えよ。

ア＿＿＿＿　イ＿＿＿＿　ウ＿＿＿＿

(2)　文中の空欄[a]～[c]に，陰樹か陽樹のどちらか適する語を入れよ。

a＿＿＿＿　b＿＿＿＿　c＿＿＿＿

(3)　本州中部の暖温帯における[b]として代表的なものを，次の①～④のなかから選べ。

①　アカマツ　　②　エゾマツ　　③　ススキ　　④　スダジイ　＿＿＿＿

知識
80. 土壌　次の文章を読み，下の各問いに答えよ。

土壌は，植物と相互に影響を及ぼしあいながら，遷移の進行とともに変化していく。遷移初期の土壌がない裸地には，乾燥や貧栄養に強い(　ア　)が最初に進入する。地衣類やコケ植物，イネ科の草本が(　ア　)となることが多い。これらの生物の遺骸などから，土壌が形成されはじめる。遷移が進んだ森林の土壌の表面には，植物の落葉・落枝が積もっている。その下の濃い茶色の層には，生物の遺骸や排出物が土壌生物などによって分解されてできた(　イ　)が多く含まれている。遷移が進むにつれて，(　イ　)を多く含む層が厚くなる。また，土壌は，主にミミズや菌類などの生物の働きにより粒状のかたまりになることがあり，この構造は(　ウ　)と呼ばれる。

(1)　文中の(　　)に適する語をそれぞれ答えよ。

ア＿＿＿＿　イ＿＿＿＿　ウ＿＿＿＿

(2)　次の文は，下線部の地衣類について説明したものである。文中の[　]に当てはまる生物名を下の①～⑥のなかからそれぞれ選び，番号で答えよ。

地衣類は，[a]や[b]のように光合成を行う生物と，それらに生活場所や安定した水分を与える[c]が共生したものである。

①　シダ類　　②　菌類　　③　細菌類
④　緑藻類　　⑤　コケ類　　⑥　シアノバクテリア　a＿＿＿＿　b＿＿＿＿　c＿＿＿＿

第4章　植生と遷移

知識

☑81. 世界のバイオーム　バイオームに関する次の各問いに答えよ。

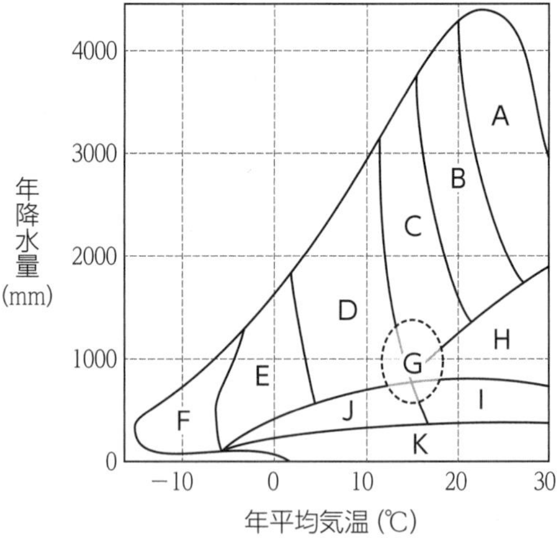

(1)　図中のA～Kのバイオームの名称を答えよ。

A＿＿＿＿＿＿　B＿＿＿＿＿＿

C＿＿＿＿＿＿　D＿＿＿＿＿＿

E＿＿＿＿＿＿　F＿＿＿＿＿＿

G＿＿＿＿＿＿　H＿＿＿＿＿＿

I＿＿＿＿＿＿　J＿＿＿＿＿＿

K＿＿＿＿＿＿

(2)　次の①～⑧の植物は，図中のA～Kのどのバイオームに特徴的な植物か答えよ。

①　カエデ　②　サボテン　③　フタバガキ　④　トウヒ
⑤　チーク　⑥　ユーカリ　⑦　アカシア　⑧　ヒカゲヘゴ

①＿＿　②＿＿　③＿＿　④＿＿　⑤＿＿　⑥＿＿　⑦＿＿　⑧＿＿

思考

☑82. バイオームの分布を決める要因　バイオームの分布を決める要因に関する次の各問いに答えよ。

(1)　十分に降水量があるとき，年平均気温が上がるにつれて，どのようにバイオームが変化していくと考えられるか。バイオームの名称を順に答えよ。

＿＿＿＿＿＿→＿＿＿＿＿＿→＿＿＿＿＿＿→熱帯・亜熱帯多雨林

(2)　年平均気温が25～30℃のとき，年降水量がふえるにつれて，どのようにバイオームが変化していくと考えられるか。砂漠から順にバイオームの名称を答えよ。

砂漠→＿＿＿＿＿＿→＿＿＿＿＿＿→熱帯・亜熱帯多雨林

(3)　下の図は西アフリカのバイオーム，年平均気温，年降水量の分布を示したものである。この地域におけるバイオームの分布は，年平均気温と年降水量のどちらの要因と相関があると考えられるか答えよ。

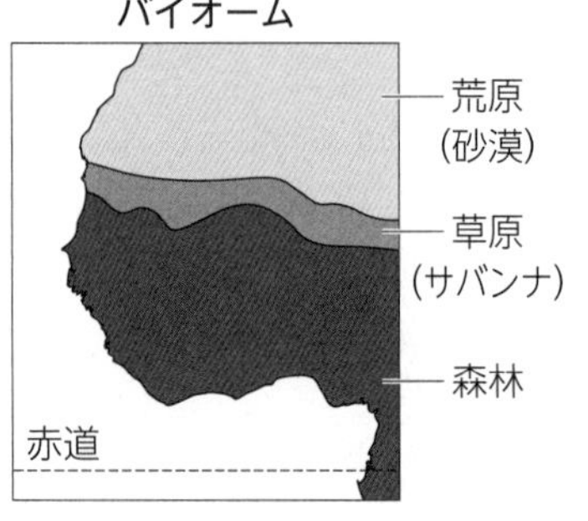

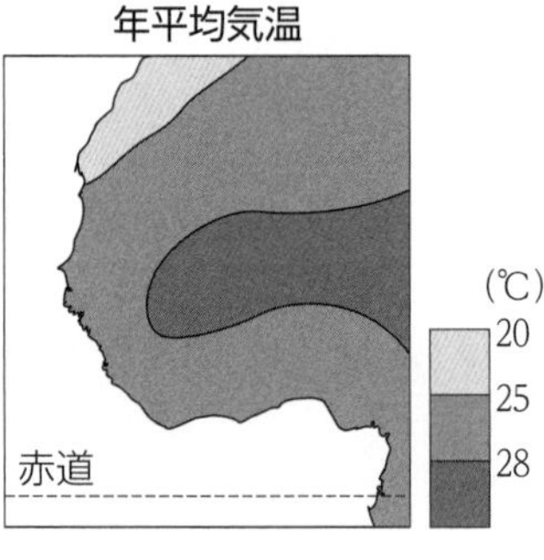

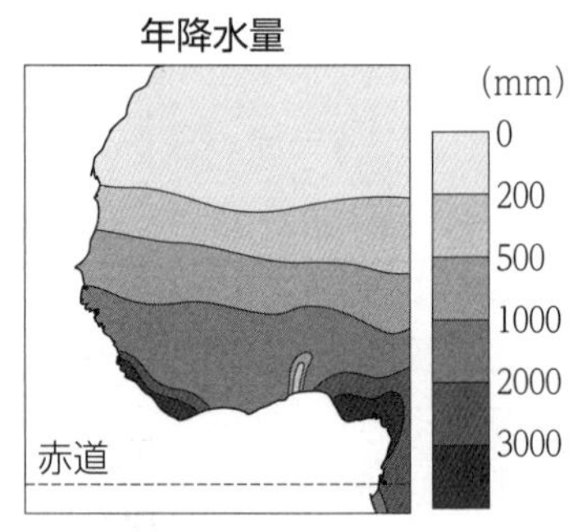

＿＿＿＿＿＿

思考 論述

83. 気候とバイオーム　バイオームに関する次の各問いに答えよ。

(1) 次のア，イの特徴は右下の図中のどのバイオームに関するものか答えよ。

ア　温帯と亜寒帯の，降水量が少ない地域にできる草原。

イ　巨大な高木や着生植物など多様な植物が生育する森林。

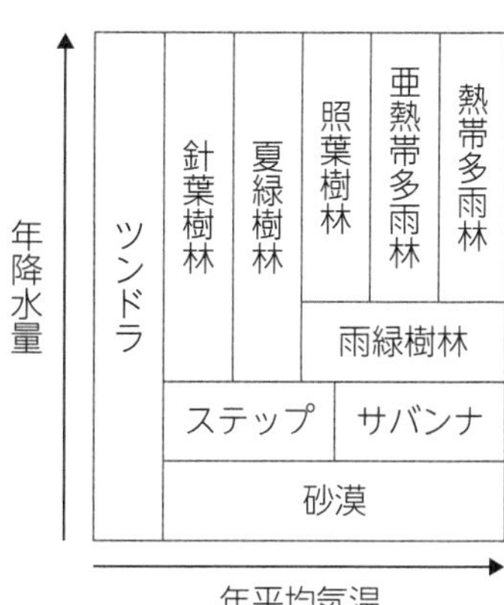

ア　　　　　イ

(2) ツンドラ以外のバイオームに関して，荒原，草原，森林を分けているのは年降水量と年平均気温のどちらの要因だと考えられるか。

(3) 右の図には示されていないが，オリーブやユーカリが優占するバイオームの名称を答えよ。

(4) 照葉樹林の成立する年平均気温，年降水量の条件を満たしながらも，照葉樹林ではなく(3)のバイオームが広がっている地域がある。その理由について60字以内で説明せよ。

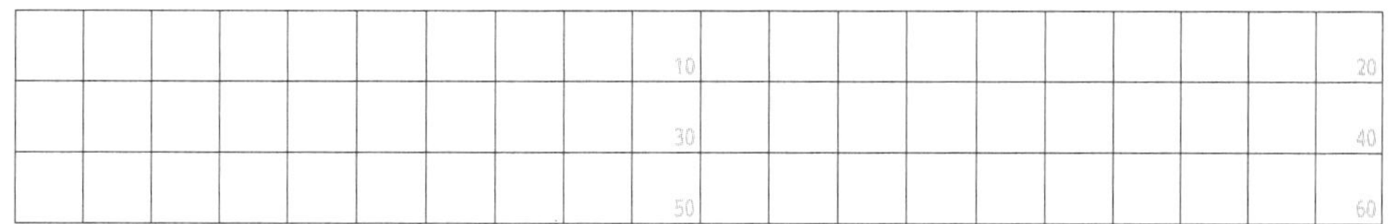

知識

84. 日本の水平分布　右の図は，日本のバイオームの分布を示したものである。次の各問いに答えよ。

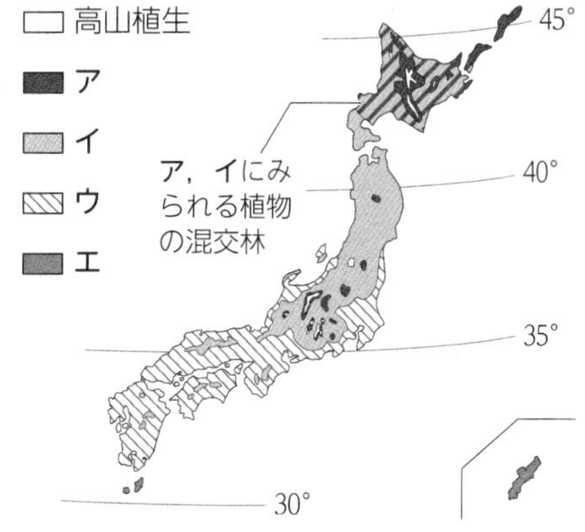

(1) ア～エのバイオームの名称をそれぞれ答えよ。

ア　　　　　イ

ウ　　　　　エ

(2) ア～エのバイオームの説明として最も適当なものを次のⅠ～Ⅳからそれぞれ選び，番号で答えよ。

Ⅰ　葉の表面にクチクラ層が発達している樹木が多くみられる，常緑広葉樹林が成立する。

Ⅱ　冬に落葉するなど，季節によって見た目が変化する落葉広葉樹林が成立する。

Ⅲ　河口付近にマングローブという植生がみられることがある。

Ⅳ　冬が長くて寒さの厳しい地域に分布し，耐寒性の強い常緑樹が優占する。

ア　　　イ　　　ウ　　　エ

(3) ア～エのバイオームを代表する植物を次の①～⑧のなかからそれぞれ2つずつ選べ。

① クスノキ　② トドマツ　③ アコウ　④ ブナ

⑤ アラカシ　⑥ オヒルギ　⑦ ミズナラ　⑧ エゾマツ

ア　　　イ　　　ウ　　　エ

第4章 植生と遷移

思考 論述

85. 日本の垂直分布 右の図は本州中部での垂直分布を模式的に示したものである。次の各問いに答えよ。

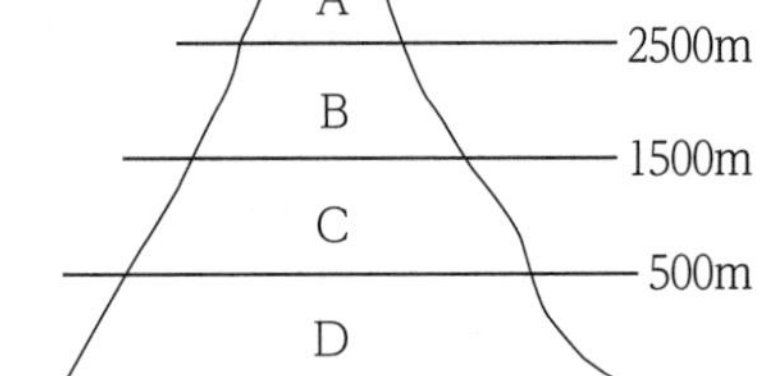

(1) Aに広がる草本が群生する植生を何というか。

(2) Bに生育する植物の組み合わせとして最も適当なものを次の①～⑤のなかから選び，番号で答えよ。

① ミズナラ，ブナ　② コメツガ，アラカシ　③ エゾマツ，トドマツ
④ シラビソ，シイ　⑤ シラビソ，コメツガ

(3) 本州中部でのBとCの境界線は標高約1500mであるが，北部へと緯度を上げていった場合，境界線の標高はどのようになっていくと考えられるか。理由とともに60字以内で答えよ。

思考 計算 論述

86. 暖かさの指数 下の表1は日本のある地域における1年間の各月の平均気温を表している。この地域の年降水量が1520mmであるとして，下の各問いに答えよ。

表1

1月	2月	3月	4月	5月	6月	7月	8月	9月	10月	11月	12月
-5.7	-4.2	1.9	7.1	10.8	14.5	19.7	22.0	15.8	9.1	4.4	0.2

日本のバイオームは，極相としてほとんどの地域に森林が発達するはずである。ただし，気温に関しては日本の中でも地域によって差があるため，さまざまな森林のバイオームが存在する。それを分類するための指数として有名なものに，暖かさの指数(WI)がある。これは，月平均気温が5℃を超える各月について，月平均気温から5を引いた値の1年間分の合計値として求められる。得られた暖かさの指数を右の表2に当てはめて，バイオームを推測する。

表2

気候帯	暖かさの指数
寒　帯	0 ～ 15
亜寒帯	15 ～ 45
冷温帯	45 ～ 85
暖温帯	85 ～ 180
亜熱帯	180 ～ 240
熱　帯	240 ～

(1) 下線部のように考えられるのはなぜか，日本の気候的な特徴に関連づけて，20字程度で簡潔に答えよ。

(2) 表1から，この地域の暖かさの指数を計算せよ。

(3) 表2をもとに，この地域のバイオームを答えよ。

↓解説動画

標準例題 6　植生の遷移

➡ 問題 87

伊豆大島において，噴出年代が異なる溶岩上の４地点Ａ～Ｄの植生や環境条件を調査した。図１は，各地点の植物の種数と植生の高さを，図２は，各地点における植物体量と植生の最上部の照度を 100％とした場合の地表照度を示している。

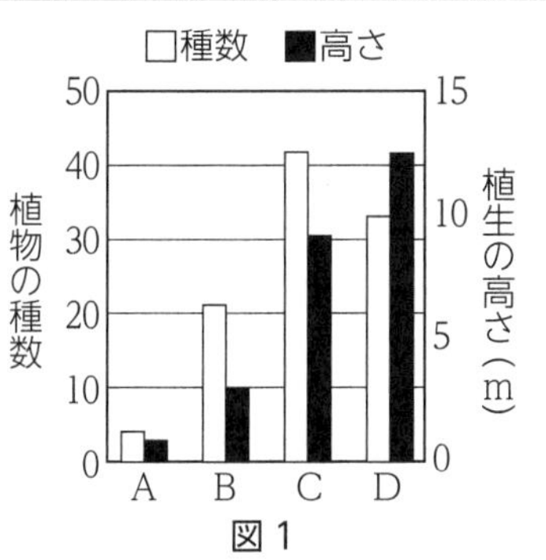

図１

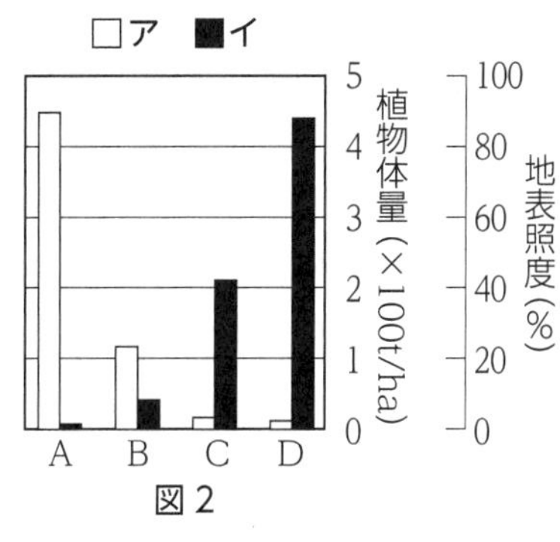

図２

(1)　Ａ～Ｄのうち溶岩の噴出年代がもっとも古い地点を選び，記号で答えよ。

(2)　図１において，Ｄの植物の種数がＣより少ない理由を，60 字以内で答えよ。

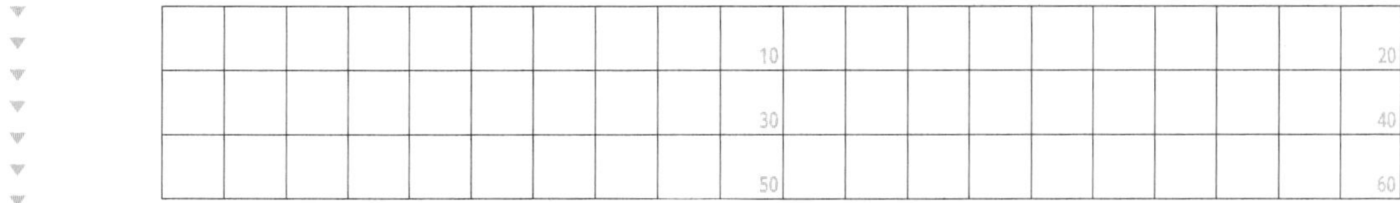

Assist　極相林は(a 陽樹 / 陰樹)を中心にしたものであるのに対し，混交林はどちらも生育しているため，種数は(b 混交林 / 陰樹林)の方が多くなると考えられる。

(3)　図２のア，イのうち，地表照度を表しているグラフを選び，記号で答えよ。

(4)　次の①～④は，各地点に分布する主な植物を示している。ＡおよびＣに分布する植物をそれぞれ番号で答えよ。

①　ヤブツバキ・オオシマザクラ
②　オオバヤシャブシ・ハコネウツギ
③　スダジイ・タブノキ
④　ススキ・ハチジョウイタドリ

Ａ　　　　Ｃ

（20　東京慈恵会医科大　改題）

解説　(1)，(2)噴出年代が古い地点ということは，噴火してからの年数が長く遷移が進んでいる地点である。植生の高さの最も高くなっているＤが，最も遷移が進んでいると考えられる。Ｃは種数が多いので，混交林と判断できる。　(3)植物体量は遷移が進むにつれて増加するのでイのグラフ，地表照度は遷移初期の方が明るいのでアのグラフとなる。　(4)③は極相樹種なのでＤ，④は先駆種なので遷移初期のＡである。①のオオシマザクラは陽樹，ヤブツバキは陰樹である一方，②のオオバヤシャブシ・ハコネウツギはともに陽樹であることから，②より①の方が遷移段階としては後になる。

解答　(1)Ｄ　(2)混交林であるＣには陽樹も陰樹も生育するが，陰樹林であるＤには，遷移に伴って陽樹がみられなくなったため。(51 字)
Assist　a…陰樹　b…混交林　(3)ア　(4)Ａ…④　Ｃ…①

第４章　植生と遷移

↓解説動画

標準例題 7　世界のバイオーム

➡ 問題 89

下の図は，縦軸に年降水量，横軸に年平均気温を取り，バイオームとの関係を示したものである。次の各問いに答えよ。

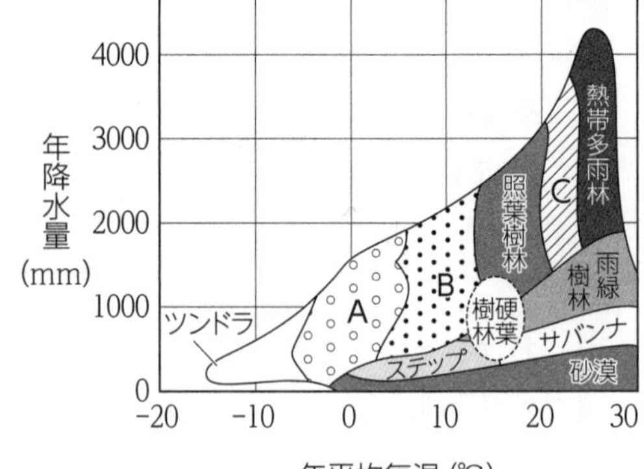

(1) 図中のA～Cのバイオームの名称をそれぞれ答えよ。

A ＿＿＿＿＿＿

B ＿＿＿＿＿＿　C ＿＿＿＿＿＿

(2) 次のa～hの植物が主にみられるバイオームを下の①～⑪のなかからそれぞれ選び，番号で答えよ。同じ番号を何回使ってもよい。なお，選択肢中のA～Cは，図中のA～Cを示す。

a：ミズナラ　b：ヤブツバキ　c：エゾマツ　d：コルクガシ
e：ケヤキ　f：ガジュマル　g：クスノキ　h：フタバガキ

① ツンドラ　② A　③ B　④ 照葉樹林
⑤ ステップ　⑥ 砂漠　⑦ C　⑧ 熱帯多雨林
⑨ 雨緑樹林　⑩ サバンナ　⑪ 硬葉樹林

a＿＿ b＿＿ c＿＿ d＿＿ e＿＿ f＿＿ g＿＿ h＿＿

(3) 南米のアマゾンの森林において，年平均気温が変わらずに年降水量が減った場合，どのようなバイオームに変化することが予想されるか。適当なものを次の①～⑥のなかから２つ選び，番号で答えよ。

① サバンナ　② ステップ　③ ツンドラ
④ 雨緑樹林　⑤ 照葉樹林　⑥ A

＿＿＿＿＿＿

Assist 熱帯多雨林は（[a] 縦軸 / 横軸）の年降水量が多く，（[b] 縦軸 / 横軸）の年平均気温も高い。年平均気温が変わらず年降水量が減るということは，この図で（[c] 左 / 下）方向にバイオームが変化していくことを意味する。

（20　昭和女子大　改題）

解説 (1)図によっては熱帯多雨林と亜熱帯多雨林がまとめられていることもある。(2)ヤブツバキは，本州の照葉樹林で亜高木層や低木層によくみられる。樹皮がワインの栓として使われるコルクガシは，地中海沿岸にみられる硬葉樹である。街路樹としてよく知られるケヤキは落葉広葉樹であり，夏緑樹林にみられる。イチジクのなかまであるガジュマルは沖縄でよくみられ，アコウとともに亜熱帯多雨林を代表する植物である。フタバガキは熱帯多雨林を代表する高木で，なかには樹高が 50m を超えるものもある。　(3)南米のアマゾンの森林は熱帯多雨林であり，年平均気温が高く，年降水量も多い。年平均気温（横軸）はそのままで年降水量（縦軸）が減ると，図中で熱帯多雨林の下に位置する雨緑樹林→サバンナ→砂漠へと変化していく。

解答 (1) A…針葉樹林　B…夏緑樹林　C…亜熱帯多雨林　(2) a…③　b…④　c…②　d…⑪　e…③　f…⑦　g…④　h…⑧　(3)①，④
Assist　a…縦軸　b…横軸　c…下

標準問題

思考 論述

87. 一次遷移 植生に関する次の文章を読み，下の各問いに答えよ。

森林が形成される過程には，溶岩流などで土壌や植物の種子が失われた状況からはじまる一次遷移と，山火事や伐採後のような，土壌や植物の種子が残った状況からはじまる二次遷移がある。一次遷移のごく初期には，地衣類やコケ植物が生育することが多い。土壌の形成が進み，徐々に地中の有機物や水分量が増加してくると(　ア　)や(　イ　)などの多年生草本が進入する。やがて，ヤシャブシやノリウツギなどの陽樹が進入し，低木層と草本層の階層が生じ，陽樹を中心とした林が形成される。その後，林床でも幼木が成長できる(　ウ　)や(　エ　)などの陰樹が陽樹にかわって林冠を形成するようになる。このように遷移が進むにつれて，林冠を構成する樹木が陽樹から陰樹に交代するが，多くの極相林では陰樹に陽樹が点在したモザイク状の林冠となる。

植物種	各溶岩における個体密度(個体数 /ha)			
	溶岩 A	溶岩 B	溶岩 C	溶岩 D
ヤシャブシ	0	56	0	0
イタドリ	10	487	76	10
ススキ	3	357	170	193
ネズミモチ	0	0	846	255
ヒサカキ	0	81	564	137
クロマツ	1	4	96	93
ノリウツギ	0	42	68	0
タブノキ	0	41	4	282
マテバシイ	0	0	0	162

(1) 右の表は，ある場所における噴火年代の異なる溶岩上に生育する主な植物種の個体密度を示している。文中の空欄(　　)に入る適切な植物種の名前を，表から選んで答えよ。なお，それぞれの噴火が起こった年は，溶岩 A が 1946 年，溶岩 B が 1914 年，溶岩 C が 1799 年，溶岩 D が 1476 年である。また，調査は 1962 年に行った。

ア　　　　イ　　　　ウ　　　　エ

(2) 2 つの地点 I，II の地表を調べたところ，地点 I には動物が好む大型の果実や種子が，地点 II には風で散布されやすい小型の果実や種子が多くみられた。地点 I，II はそれぞれ溶岩 B と溶岩 D のどちらか答えよ。

地点 I　　　　地点 II

(3) 下線部に関して，モザイク状の林冠が形成される過程を 90 字以内で答えよ。

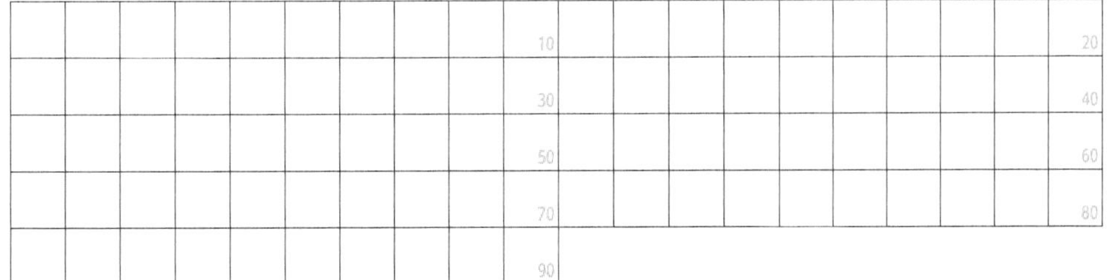

(20　大阪市立大)

(3)極相林においても，立ち枯れや倒木によって林床に光が差し込むようになる。

第4章 植生と遷移

思考 作図 論述

88. 陽生植物と陰生植物の光合成速度 次の文章を読んで，下の各問いに答えよ。

陸上には，森林や草原などのさまざまな植生がみられ，植生は環境要因によって大きく影響される。植生の外観上の様相は(　ア　)と呼ばれる。植生のうちで空間を占める割合が最も高い種のことを(　イ　)と呼び,(　ア　)を決定づける種となっている。森林の構造をみてみると,(　ウ　)と呼ばれる森林の最上部から,(　エ　)と呼ばれる地表に近い部分まで，さまざまな植物が存在する。

比較的日当たりのよい場所に生育する植物を陽生植物,(　エ　)など弱い光の場所に生育する植物を陰生植物という。森林には陽樹と陰樹が存在し，はじめに陽樹林が形成されて最終的には陰樹林へと変化する。ただし，陰樹林は完全に陰樹のみで構成されるわけではなく，陽樹が生育している場所もある。植生はつねに変化(遷移)していて，そのはじまりの状態によって，一次遷移と二次遷移に分けられる。遷移の初期段階で進入する生物は(　オ　)と呼ばれ，地衣類，コケ植物，一部の草本植物がこれにあたる。遷移が進むと，最終的に構成種が大きく変化しない状態になる。このような状態の森林を(　カ　)という。

(1) 文中の(　　)に適する語を答えよ。

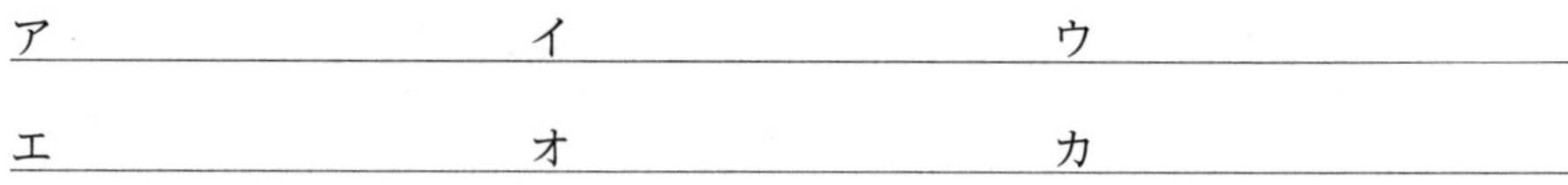

(2) 右の図は，陽生植物の二酸化炭素吸収速度と光の強さの関係を示している。この図に，陰生植物の二酸化炭素吸収速度と光の強さの関係を描き加えよ。さらに，陰生植物の光補償点と光飽和点を図中に示せ。

(3) 陰生植物が陽生植物よりも生育に有利である光の強さの範囲が存在する。(2)で作成したグラフにもとづいて，その範囲を50字以内で答えよ。

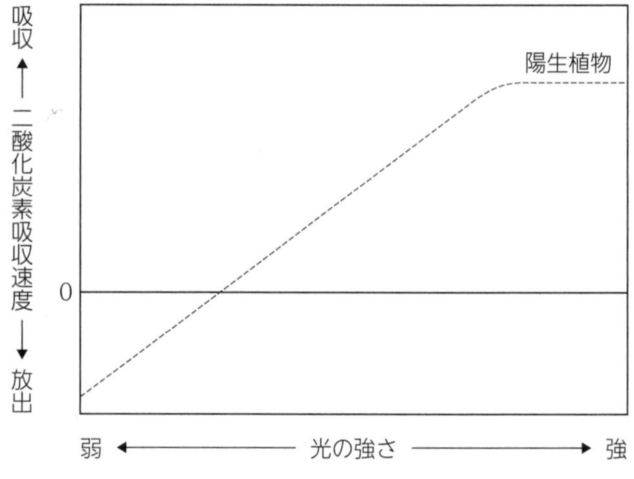

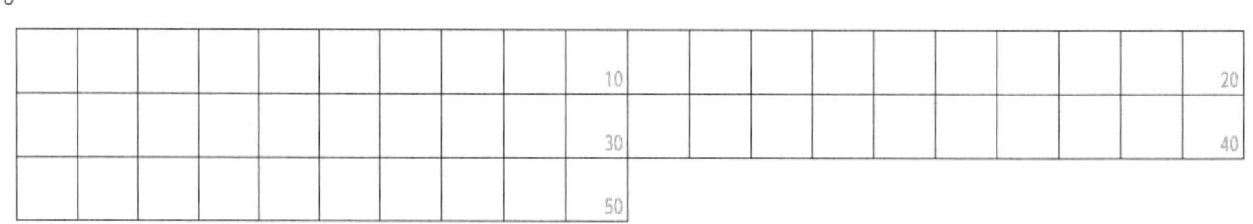

(20　滋賀県立大)

ヒント (2)光の強さと二酸化炭素吸収速度のグラフを描き加える際には，「呼吸速度・光補償点・光飽和点・最大光合成速度」に注意する。 (3)光の強さが同じとき，二酸化炭素吸収速度が大きい方が生育に有利である。ただし，二酸化炭素吸収速度が負の場合，植物は生育できない。

思考
89. 世界のバイオーム　バイオームに関する下の各問いに答えよ。

バイオームは，生産者である植物に依存するため，量的な割合が高い(　ア　)によって特徴づけられた(　イ　)にもとづいて分類することができる。生物には環境形成作用があるため，(　イ　)は時間の経過とともに(　ウ　)していき，安定した(　エ　)となる。

(　エ　)は，植物の生育条件を左右する気候の主要因である年平均気温と年降水量に依存するため，ある地域のバイオームはその気候に適した(　エ　)に一致することとなる。

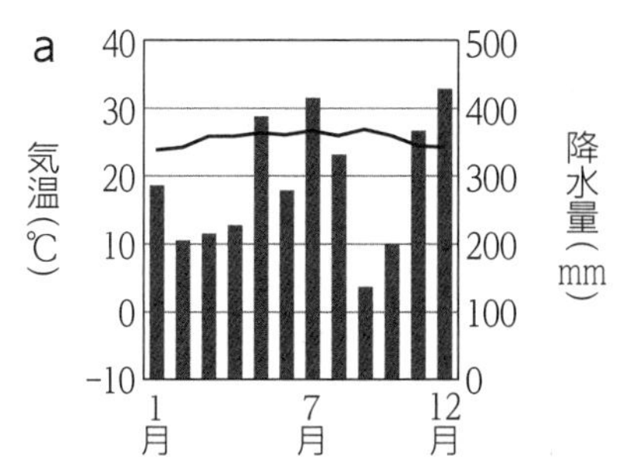

年平均気温…25.6℃　年降水量…3315mm

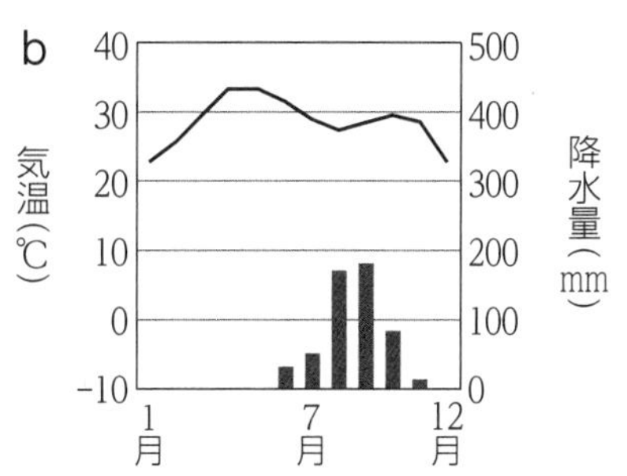

年平均気温…28.3℃　年降水量…528mm

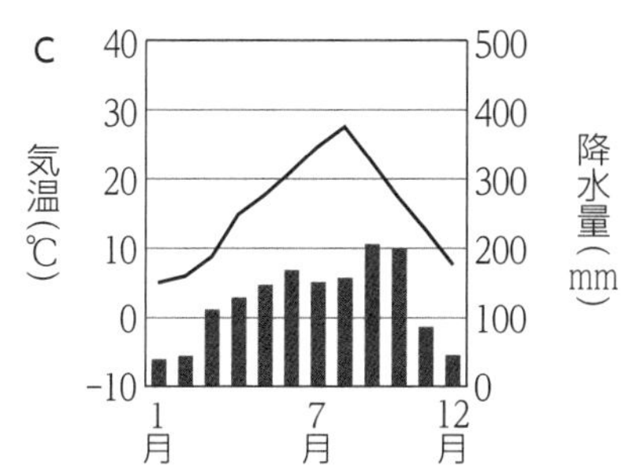

年平均気温…15.4℃　年降水量…1528mm

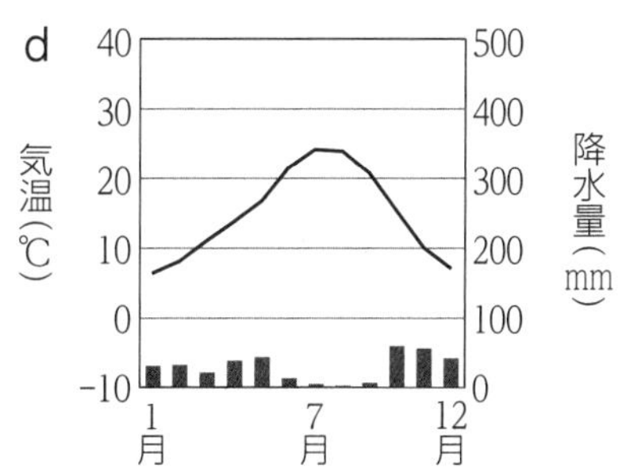

年平均気温…15.3℃　年降水量…436mm

(1) 文中の(　　)に当てはまる語として最も適当なものを次の①～⑥のなかからそれぞれ選べ。

① 極相　② 優占種　③ 植生
④ 生活形　⑤ 遷移　⑥ 先駆種

ア　イ　ウ　エ

(2) 図のａ～ｄのグラフは，ある地域の年間の気温および降水量の変化を示したものである。下線部の条件が当てはまるとしたとき，それぞれの地点のバイオームとして最も適当なものを次の①～⑧のなかから選べ。

① 亜熱帯多雨林　② 雨緑樹林　③ 硬葉樹林　④ サバンナ
⑤ 照葉樹林　⑥ 針葉樹林　⑦ ツンドラ　⑧ 熱帯多雨林

a　b　c　d

(21　武庫川女子大)

ヒント (2)バイオームの分布は主に年平均気温と年降水量により決定されるが，これだけで決まるわけではない。硬葉樹林の年平均気温・年降水量は，夏緑樹林・照葉樹林・ステップと重なっているので，降水量の多い時期と冬の気温に注目する。

第5章 生態系とその保全

1 生態系と生物の多様性

A 生態系の成り立ち

(a) **生態系とその構造**　ある地域に生息する生物の集団，およびそれらを取り巻く環境を，物質の循環や生物どうしの関係性をふまえて1つの機能的なまとまりとしてとらえたものを，(1　　　　)という。

❶ある生物にとっての環境は，次の2つに分けて考えることができる。

- (2　　　　)…温度，光，水，大気，土壌など。
- (3　　　　)…同種，異種の生物。

❷非生物的環境の生物に対する働きかけを(4　　　　)といい，生物の非生物的環境に対する働きかけを(5　　　　)という。

(2　　　　)
温度…気温，水温，地温
光……光の強さ
水……淡水，海水
大気…酸素，二酸化炭素
土壌…水分，無機塩類
など

(1　　　　)

(4　　　　)

(5　　　　)

生物の集団
(6　　　　)…植物，藻類
(7　　　　)…植食性動物
肉食性動物，菌類，細菌
など

(b) **生態系を構成する生物**

❶(6　　　　)…生態系において，無機物から有機物を合成して生活する独立栄養生物。

❷(7　　　　)…外界から有機物を取り入れ，エネルギー源として利用する従属栄養生物。このうち，遺骸や排出物を利用するものを(8　　　　)と呼ぶ。

❸(9　　　　)…種の多様性も含めた，生物にみられる多様性。

(c) **陸上の生態系**　陸上にはさまざまな環境があり，それぞれに応じた生態系が存在する。陸上の生態系では，主に植物が生産者となっている。

(d) **水界の生態系**　水界の生態系には，海洋生態系や湖沼生態系がある。水界では，(10　　　　)や水生植物，藻類が生産者となっている。

- (11　　　　)…生産者が生育できる強さの光が届く下限の深さ。

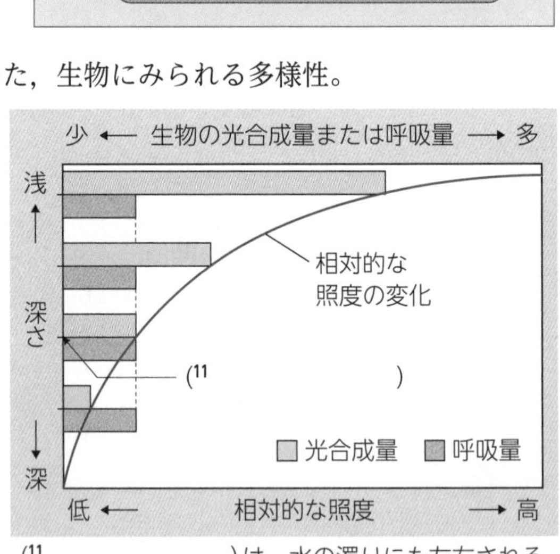

(11　　　　)は，水の濁りにも左右される。

(e) **人間生活と関わりの深い生態系**

❶都市の生態系…街路樹などの人為的に植えられたものや，空き地の草本が生産者となる。

❷農村の生態系…水田や畑，ため池などがあり，古くから人間の手で管理・利用されてきた雑木林や草地が存在する。これらが存在する一帯は，(12　　　　　　)と呼ばれる。

B 生態系における生物どうしの関わり

(a) **食物連鎖と食物網**　生態系における，被食者と捕食者の連続的なつながりのことを(13　　　　　　)という。実際の生態系では直線的なつながりではなく，複雑な網目状になっている。このようなつながりを(14　　　　　　)という。また，栄養分の摂り方によって生物を段階的に分けるとき，これを(15　　　　　　)という。

(b) **種の多様性と生物間の関係性**　ある海岸の岩場に生育するヒトデを取り除くと，ヒトデに捕食されていたイガイが増加し，藻類やヒザラガイなどは激減した。この生態系におけるヒトデのような，生態系で食物網の上位にあり，他の生物の生活に大きな影響を与える種のことを(16　　　　　　)と呼ぶ。

● (17　　　　　　)…２種の生物間にみられる捕食―被食の関係が，その２種以外の生物に影響を及ぼすこと。

〔例〕ラッコがウニを捕食することにより，ウニによるケルプへの食害が減少する。

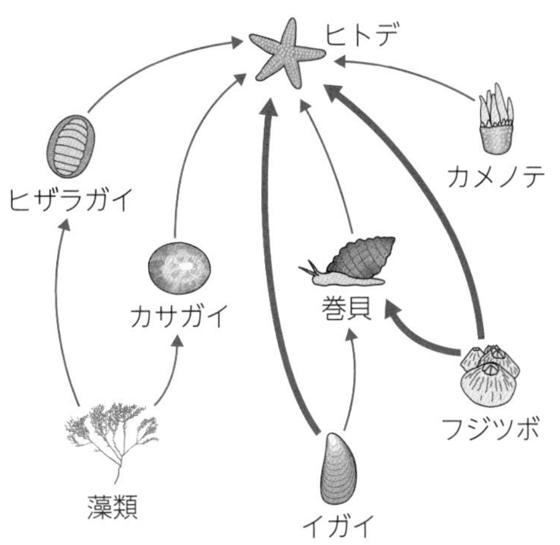

※太い矢印ほど，捕食の程度が大きい。

◀ある海岸の岩場の食物網▶

2 生態系のバランスと保全

A 生態系の変動と安定性

(a) **生態系のバランス**　生態系では，捕食者が増加すると，被食者が減少する。すると，捕食者にとっての食物が減るため，やがて捕食者も減少する。捕食者が減少すると捕食の影響が減ることで被食者が増加し，これに伴って再び捕食者が増加する。このように，被食者と捕食者の個体数は，相互に関連しながら(18　　　　　　)的な変動をくり返す。

(b) **生態系のバランスと撹乱**　生態系は，撹乱を受けてもその程度が小さければ撹乱を受ける前の状態に戻り，そのバランスは保たれる。これを生態系の(19　　　　　　)という。

解答　1…生態系　2…非生物的環境　3…生物的環境　4…作用　5…環境形成作用　6…生産者　7…消費者　8…分解者　9…生物多様性　10…植物プランクトン　11…補償深度　12…里山　13…食物連鎖　14…食物網　15…栄養段階　16…キーストーン種　17…間接効果　18…周期　19…復元力

●(1　　　　　　　)…川などに流入した汚濁物質が，生物の働きや水による希釈などで減少していく作用。

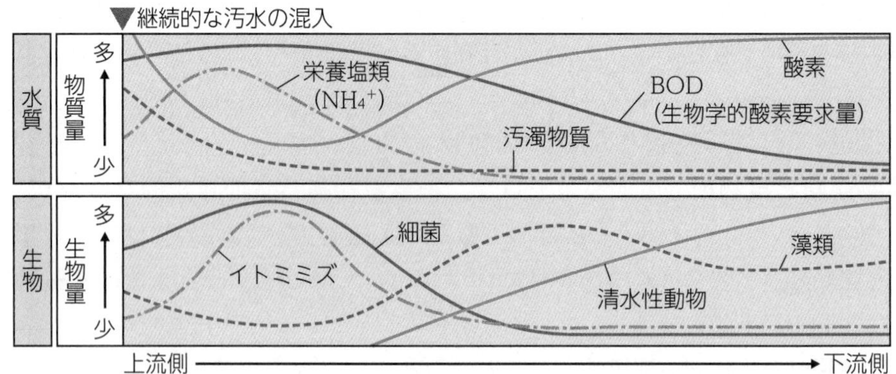

(c) **撹乱の大きさと生態系のバランス**　生態系の復元力を超えるような撹乱が起こると，生態系のバランスが崩れ，場合によっては別の状態に移行して元に戻らないことがある。

●(2　　　　　　　)…湖沼や海などにおいて，汚水の流入などに伴って栄養塩類が蓄積して濃度が高くなる現象。植物プランクトンが異常発生し，水面が広く赤褐色になる(3　　　　　)や，青緑色になる(4　　　　　)などが発生する。

B 人間活動による生態系への影響とその対策

(a) 人間活動による地球環境の変化

地球全体の平均気温が長期的に上昇することを(5　　　　　　)という。二酸化炭素やメタンといった(6　　　　　　　)の増加と関連がある。海水温の上昇によりサンゴが白くなる(7　　　　　)現象が起こったり，生物の分布域の変化により生物多様性が減少したりするなど，さまざまな影響が生じると考えられている。

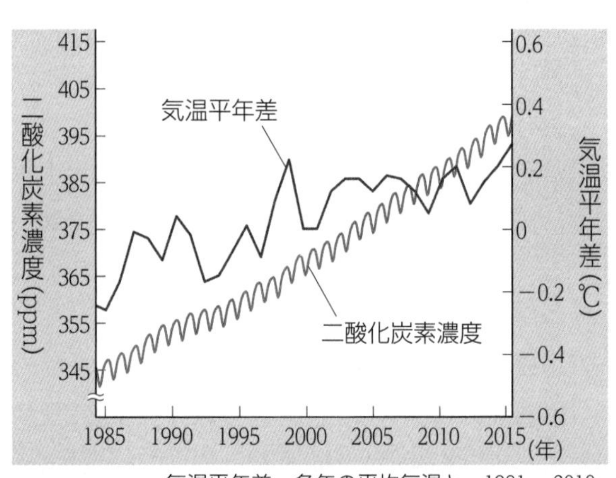

気温平年差…各年の平均気温と，1981〜2010年の30年間の平均気温との差

(b) 人間による生物や物質の持ち込み

❶(8　　　　　　　)…人間活動によって本来の生息場所から別の場所に持ち込まれ，その場所にすみ着いた生物。このうち，移入先で，生態系や人間の生活に大きな影響を与える，またはその恐れがあるものは，特に(9　　　　　　　)と呼ばれる。

❷(10　　　　　　　)…2004年に制定された外来生物法で，在来種に与える影響が特に大きいものとして指定された外来生物。原則，飼育・栽培，販売，保管，運搬が禁止されている。〔例〕オオクチバス，フイリマングース，アライグマ，カミツキガメなど

(c) **自然に対する働きかけの縮小** 里山は，そこで暮らす人々の営みによってつくられた生態系の１つである。多様な環境が維持されており，さまざまな生物が生息している。しかし，近年，人間活動の変化に伴って里山が手入れされなくなり，さまざまな生物の生活に影響が現れている。

● 主にコナラ，クヌギなどの落葉広葉樹からなる([11])は，定期的に伐採されることで維持され，多くの野生生物に豊富な食物や営巣場所を供給してきた。近年，定期的な伐採が行われなくなった結果，遷移が進むなどして環境が変化し，そこに生息していたギフチョウやオオクワガタなどの生物がみられなくなっている。

(d) **開発による生息地の変化** 道路や河川におけるダムの建設などの開発に伴って，生物の生息地が([12])され，生物の行き来が妨げられるなどの問題が生じている。

● ([13])…ダム建設などの開発を行う際に，それが環境に及ぼす影響を事前に調査，予測，評価し，環境への適正な配慮がなされるようにすること。

(e) **体内に残留する化学物質** 生物に取り込まれた物質が，体内でまわりの環境より高濃度に蓄積される現象を([14])という。有機水銀，PCB，DDT など分解・排出されにくい物質は食物連鎖を通して濃縮され，高次の消費者の体内ではより高濃度になることがある。

(f) **絶滅危惧種とその保護**

❶ ([15])…絶滅のおそれがある生物。

❷ ([16])…絶滅のおそれがある生物について，その危険性の程度を判定して分類したもの。このリストにもとづいて，分布や生息状況などをより具体的に記載したものを([17])と呼ぶ。

(g) **持続可能な社会と生態系**

❶ ([18])…私たちが生態系から受ける恩恵。基盤サービス，供給サービス，調節サービス，文化的サービスに分類される。

● ([19])が高い生態系ほど復元力や安定性が高く，生態系サービスも豊かになると考えられている。そのため，私たちが現状の生態系サービスを受け続けるためには，生物多様性の高い生態系を維持することが重要である。

❷ ([20])…持続可能な開発目標(Sustainable Development Goals)の略称。2015 年の国連総会で採択された，持続可能な社会の実現を目指して 2030 年までに達成するべき 17 の目標のこと。各目標にはそれを達成するための具体的なターゲットや，達成目標が設置されている。

第5章 生態系とその保全

解答 **1**…自然浄化 **2**…富栄養化 **3**…赤潮 **4**…アオコ(水の華) **5**…地球温暖化
6…温室効果ガス **7**…白化 **8**…外来生物 **9**…侵略的外来生物 **10**…特定外来生物
11…雑木林 **12**…分断 **13**…環境アセスメント **14**…生物濃縮 **15**…絶滅危惧種
16…レッドリスト **17**…レッドデータブック **18**…生態系サービス **19**…生物多様性 **20**…SDGs

プロセス Process

1. ある地域に生息する生物の集団とそれらを取り巻く環境を，物質循環や生物どうしの関係性をふまえて１つの機能的なまとまりとしてとらえたものを何と呼ぶか。 1. ＿＿＿＿

2. 生物の非生物的環境に対する働きかけを何と呼ぶか。 2. ＿＿＿＿

3. 生態系において，植物や藻類などのように，無機物から有機物を作る独立栄養生物を何と呼ぶか。 3. ＿＿＿＿

4. 食物連鎖は直線的なつながりではなく，複雑な網目状の関係になっている。このようなつながりを何と呼ぶか。 4. ＿＿＿＿

5. 生態系で食物網の上位にあって他の生物の生活に大きな影響を与える種を何と呼ぶか。 5. ＿＿＿＿

6. ある生物種が，地球上から，または生活してきた地域から消失することを何と呼ぶか。 6. ＿＿＿＿

7. ２種の生物間にみられる関係が，その２種以外の生物に及ぼす影響を何と呼ぶか。 7. ＿＿＿＿

8. 河川などに流入した汚濁物質が，生物の働きや多量の水による希釈などによって減少していく作用を何と呼ぶか。 8. ＿＿＿＿

9. 湖沼や海などにおいて，栄養塩類が蓄積して濃度が高くなる現象を何と呼ぶか。 9. ＿＿＿＿

10. 移入先で生態系や人間の生活に大きな影響を与える，またはそのおそれがある外来生物を，特に何と呼ぶか。 10. ＿＿＿＿

11. 絶滅のおそれがある生物について，その分布などを具体的に記載したものを何と呼ぶか。 11. ＿＿＿＿

12. 私たちが生態系から受ける恩恵のことを何と呼ぶか。 12. ＿＿＿＿

解答　1. 生態系　2. 環境形成作用　3. 生産者　4. 食物網　5. キーストーン種　6. 絶滅　7. 間接効果　8. 自然浄化　9. 富栄養化　10. 侵略的外来生物　11. レッドデータブック　12. 生態系サービス

↓解説動画

基本例題 17 生態系を構成する生物

➡ まとめ(p.104) 問題 90

下の図は，生態系の構造を模式的にまとめたものである。次の各問いに答えよ。

(1) 図中の矢印 a，b に対応する働きをそれぞれ何と呼ぶか答えよ。

a　　　　　　　　　　b

非生物的環境
a ⇧ ⇩ b
生物の集団
①植物・藻類 → ②植食性動物
③肉食性動物
④菌類・細菌

(2) 図中の①～④のうち，生産者と消費者に当てはまるものをそれぞれすべて選び，番号で答えよ。

生産者　　　　　　　　消費者

(3) 消費者のなかでも，遺骸や排出物を利用するものを何と呼ぶか。

解説 (1)非生物的環境が生物に与える影響を作用と呼び，生物が非生物的環境に与える影響を環境形成作用と呼ぶ。 (2)生産者は光合成を行う独立栄養生物，消費者は光合成を行わない従属栄養生物である。

解答 (1) a…環境形成作用　b…作用 (2)生産者…①　消費者…②，③，④ (3)分解者

↓解説動画

基本例題 18 個体数の変動

➡ まとめ(p.105) 問題 93

右の図は，カンジキウサギとオオヤマネコの個体数を調べたものである。次の各問いに答えよ。

(1) カンジキウサギ，オオヤマネコの個体数の変化を示しているのは，図中の a，b のどちらか。それぞれ答えよ。

カンジキウサギ　　　　　オオヤマネコ

a の個体数(千頭)　b の個体数(千頭)
150, 125, 100, 75, 50, 25, 0　/　9, 6, 3
1850 1870 1890 1910 1930(年)

(2) 次の文中の(　　)に適する語を下の語群からそれぞれ選べ。同じ語を何度用いてもよい。

カンジキウサギがふえると，その(　ア　)であるオオヤマネコの個体数が(　イ　)する。その後，カンジキウサギの個体数は(　ウ　)し，その結果，食物の不足によりオオヤマネコの個体数が(　エ　)する。

【語群】 増加　減少　捕食者　被食者

ア　　　　　イ　　　　　ウ　　　　　エ

解説 (1)一般的に，被食者は捕食者より個体数が多い。 (2)被食者がふえると，その捕食者が増加する。捕食者の増加により被食者の個体数は減少に転じ，その結果，食物の不足によって捕食者も減少する。

解答 (1)カンジキウサギ…a　オオヤマネコ…b (2)ア…捕食者　イ…増加　ウ…減少　エ…減少

第5章 生態系とその保全

↓解説動画

基本例題 19　自然浄化

➡ まとめ (p.106)
問題 94

右の図は，河川に汚水が混入した際の，水質や生物の個体数の変化を示している。次の各問いに答えよ。

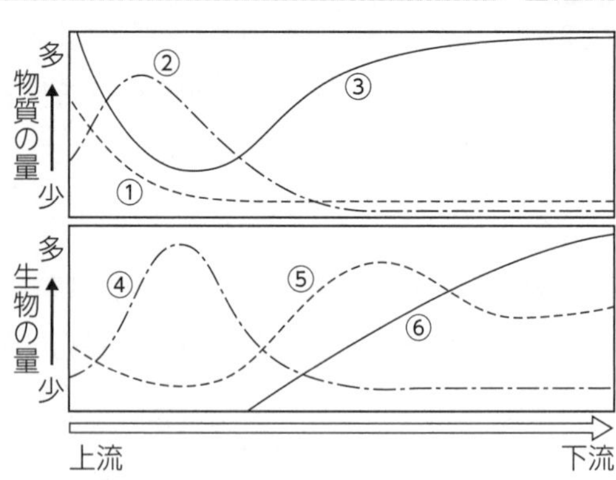

(1)　次のア～エは図中の①～⑥のグラフのどれに当たるか。それぞれ記号で答えよ。

ア　酸素量　　イ　汚濁物質

ウ　藻類　　エ　イトミミズ

ア　　イ　　ウ　　エ

(2)　生態系は，受けた撹乱の程度が小さければ，やがて撹乱を受ける前の状態に戻り，そのバランスは保たれる。この働きを何と呼ぶか。

解説　(1)河川に汚水が流入すると大量の水によって希釈されるとともに，細菌などの働きによって汚濁物質が分解され，その濃度が低下する。その際，細菌などの働きによって酸素量が低下するが，栄養塩類が増加すると藻類が増加し，酸素量も上昇する。水質が改善すると清水性動物(⑥)も増加していく。

解答　(1)ア…③　イ…①　ウ…⑤　エ…④　(2)復元力

↓解説動画

基本例題 20　人間活動による生態系への影響

➡ まとめ (p.106)
問題 96, 98, 99

人間活動が生態系に与える影響に関する次の文Ⅰ～Ⅴについて，下の各問いに答えよ。

Ⅰ　二酸化炭素やフロンのような温室効果ガスが，地球温暖化の原因と考えられている。

Ⅱ　人間活動などさまざまな要因により絶滅するおそれがある種をキーストーン種という。

Ⅲ　ダムなどの建設の際には，それが環境に及ぼす影響を事前に調査・評価する環境アセスメントを実施することが義務づけられている。

Ⅳ　生活排水が湖などに流入すると貧栄養化が起こり，アオコなどが発生することがある。

Ⅴ　海水温の上昇によってサンゴが白くなる現象を，白化現象という。

(1)　Ⅰ～Ⅴの文の下線部について，正しいものは○を，誤っているものは正しい語を答えよ。

Ⅰ　　Ⅱ　　Ⅲ　　Ⅳ　　Ⅴ

(2)　日本での外来生物として適当なものを次の①～④のなかからすべて選び，番号で答えよ。

①　フイリマングース　　②　アライグマ

③　アマミノクロウサギ　　④　ウシガエル

解説　(1)生活排水などが湖などに流入すると，栄養塩類が増加する現象である富栄養化が起こる。　(2)アマミノクロウサギは鹿児島県の奄美大島に生息する在来種で，フイリマングースによる捕食の被害にあっている。

解答　(1)Ⅰ…○　Ⅱ…絶滅危惧種　Ⅲ…○　Ⅳ…富栄養化　Ⅴ…○　(2)①，②，④

基本問題

知識

90. 生態系とその構造 次の文章を読み，下の各問いに答えよ。

ある地域に生息する生物の集団と，それらを取り巻く大気や光などの(　ア　)は相互に影響しあっており，両者を１つのまとまりとしてとらえたものを生態系という。生物が(　ア　)に対して与える影響は(　イ　)と呼ばれ，(　ア　)が生物に与える影響は(　ウ　)と呼ばれる。生態系のなかでも，植物や藻類のように，光合成によって有機物を合成できる独立栄養生物を(　エ　)と呼び，多くの動物のように，他の生物から有機物を得る従属栄養生物を(　オ　)と呼ぶ。また，(　オ　)のなかでも生物の遺骸などを利用するものは(　カ　)と呼ばれる。

(1)　文中の(　　)に適する語を答えよ。

ア　　　　イ　　　　ウ

エ　　　　オ　　　　カ

(2)　(　イ　)および(　ウ　)の例として適当なものを次の①～④のなかからすべて選び，それぞれ番号で答えよ。

①　土壌中の細菌の働きにより，枯れた植物や動物の遺骸が無機物に変えられる。
②　植物に十分な光が当たることで光合成が行われる。
③　森林が形成されることで，地表の相対照度が低下する。
④　水中の栄養塩類の増加に伴って，植物プランクトンが増加する。

イ　　　　ウ

思考

91. 水界の生態系 次の文章を読み，下の各問いに答えよ。

水界の生態系では，植物プランクトンや水生植物・藻類が水中に差し込む光を利用して光合成を行い，生産者としての役割を担っている。水中に届く光の量は，深さが増すにつれて徐々に減少する。右の図は，異なる深さにおける，ある水生植物の１日当たりの光合成量と呼吸量を表したものである。

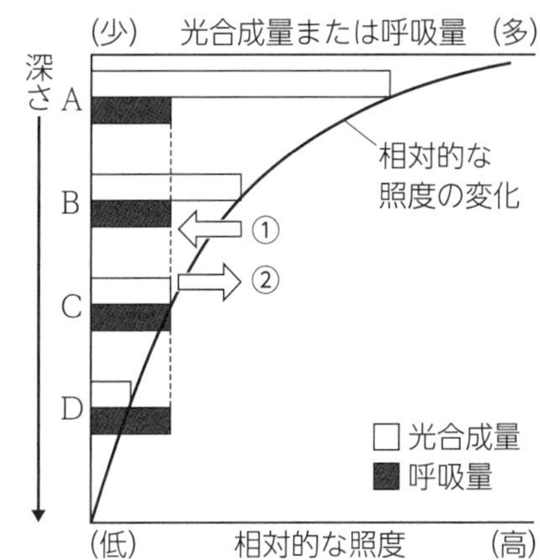

(1)　光合成を行う生物が生育できる下限の深さを何と呼ぶか答えよ。

(2)　(1)の深さを図中のＡ～Ｄから選べ。

(3)　水中に届く光の量は水の濁りにも左右される。水の濁りが減少した場合，図中の「相対的な照度の変化」のグラフはどのように変化するか。①か②かの番号で答えよ。また，その結果，(1)の深さは深くなるか浅くなるか答えよ。

グラフ　　　　(1)の深さ

第5章 生態系とその保全

思考

92. 間接効果　下の図は，北太平洋のある海域における生物どうしのつながりを示している。この図について，下の各問いに答えよ。なお，図中の矢印は捕食―被食の関係を表している。

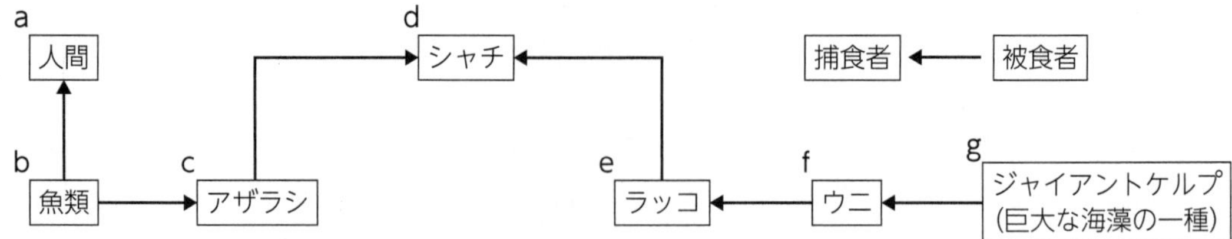

⑴　生産者および消費者として適当な生物を図中のａ～ｇのなかからそれぞれすべて選び，記号で答えよ。

生産者＿＿＿＿＿＿＿　消費者＿＿＿＿＿＿＿

⑵　この海域において，シャチが絶滅して比較的短期間のうちに起こると予測される変化として最も適当なものを次の①～⑥のなかから選び，番号で答えよ。

①　アザラシの個体数が減少し，魚類の個体数も減少する。
②　アザラシの個体数が減少し，魚類の個体数は増加する。
③　ラッコの個体数が減少し，ウニの個体数も減少する。
④　ラッコの個体数が減少し，ウニの個体数は増加する。
⑤　ラッコの個体数が増加し，ジャイアントケルプの個体数は減少する。
⑥　ラッコの個体数が増加し，ジャイアントケルプの個体数も増加する。

⑶　人間の漁業活動の活発化によって魚類の個体数が減少した結果，ジャイアントケルプの個体数が変化した。このように，２種の生物間にみられる関係が，その２種以外の生物に影響を及ぼすことがある。この影響を何というか答えよ。

⑷　自然界において，捕食―被食の関係は直線的ではなく，複雑な網目状になっている。このような関係性を何と呼ぶか。

思考

93. 個体数の変動　下の図は，肉食性のダニと植食性のダニを同じ容器のなかで８か月間飼育したときの，２種の個体数の変動を示したものである。次の各問いに答えよ。

⑴　図中の種ア，イのうち，植食性のダニはどちらか答えよ。

⑵　図中のグラフの縦軸の個体数ウ，エのうち，種アに対応するのはどちらか答えよ。

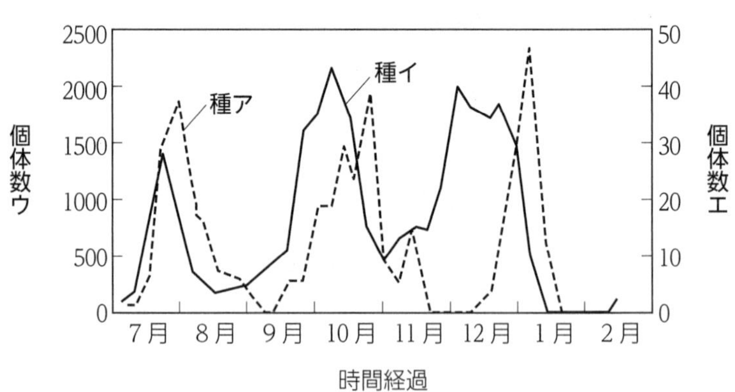

知識

94. 自然浄化 右の図は，有機物を含んだ汚水が河川に流入したときの，流入した地点から下流に向けての物質の量と生物の量の変化を示したものである。

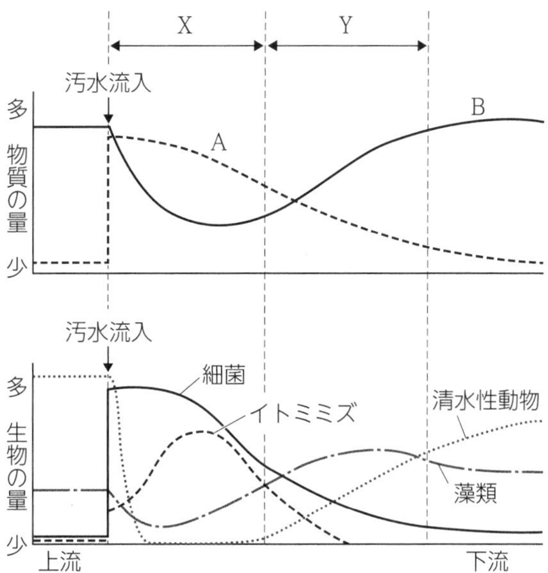

(1) 図中のA，Bの曲線はそれぞれ何の量の変化を示したものか。次の①～③のなかからそれぞれ選び，番号で答えよ。

① 栄養塩類($NH_4{}^+$)

② 有機物

③ 酸素

(2) 区間XでBが著しく減少している理由として最も適当なものを次の①～③のなかから選び，番号で答えよ。

① 細菌によって消費されたから。

② 藻類の光合成によって消費されたから。

③ イトミミズによって分解されたから。

(3) 区間Xと区間Yにおける物質の量と生物の量の変化について述べた次の文中の(　　)に適する語を，下の語群からそれぞれ選べ。

区間Xでは，(a)が汚水に含まれる有機物を(b)を用いて分解するため，(b)の量が減少する。区間Yでは，有機物の分解によりふえた(c)を吸収して藻類が増加し，光合成を行うため，(b)の量が増加する。

【語群】 細菌　イトミミズ　清水性動物　呼吸　光合成　栄養塩類　酸素

a　　　b　　　c

知識

95. 里山の生態系 里山の生態系に関する次の①～⑥について，正しいものをすべて選び，番号で答えよ。

① 里山の林には多様な動物が生息しているため，植物のほとんどが食い荒らされてしまい，植物の種類は少ない。

② 里山の林を維持するために，人間が手を加えて管理すると人工林になってしまい，里山ではなくなってしまう。

③ 里山には，ため池や水田，田畑や雑木林など多様な環境が存在し，多様な生物が生息している。

④ 里山の林には限られた動物しか生息していないため，多様な植物が生い茂っている。

⑤ 里山の林を維持するためには，下草刈りや落ち葉かきなど人間の働きかけが必要である。

⑥ 近年，里山の生物多様性を維持するために，雑木林を管理する人材育成を支援するといった取り組みが行われている。

知識

96. 外来生物　次の文Ⅰ～Ⅵを読み，下の各問いに答えよ。

Ⅰ　外来生物とは，人間が意図的に国外から持ち込んだ生物であり，貨物などに紛れて意図せず持ち込まれたものは含まない。

Ⅱ　国内で問題となっている外来生物は主に動物であり，植物はあまり問題となっていない。

Ⅲ　外来生物と在来種との間で食物や生活の場をめぐって競争が起き，在来種が絶滅することがある。

Ⅳ　日本から海外に移動して，現地で問題となっている外来生物は存在しない。

Ⅴ　数種類の外来生物が持ち込まれた程度では生態系全体に影響することはなく，生態系のバランスは維持される。

Ⅵ　外来生物が持ち込まれた生態系にその天敵となる生物がいないと，その外来生物が著しく繁殖し，生態系のバランスが崩れることがある。

(1)　文Ⅰ～Ⅵのなかから正しい文章をすべて選び，番号で答えよ。

(2)　日本に持ち込まれた外来生物のうち，生態系や人体，農林水産業などに大きな影響を及ぼす，あるいはその可能性があるものは，外来生物法で飼育・繁殖，販売，輸送が原則として禁止されている。このような外来生物を何と呼ぶか。

(3)　日本における外来生物として最も適当なものを次の①～⑤のなかから選び，番号で答えよ。

①　アライグマ　　②　イリオモテヤマネコ　　③　ライチョウ

④　アホウドリ　　⑤　アマミノクロウサギ

知識　計算

97. 生物濃縮　次の文章を読み，下の各問いに答えよ。

次の図は，ある生態系における捕食—被食の関係と，メチル水銀の体内での濃度を示したものである。図のように，生物に取り込まれた物質が，体内でまわりの環境より高濃度に蓄積される現象を(　ア　)といい，(　イ　)を通じて(　ウ　)段階の上位の生物でより高濃度になり，その生物に影響を与えることがある。なお，図中の ppm は 100 万分の 1 を表す単位である。

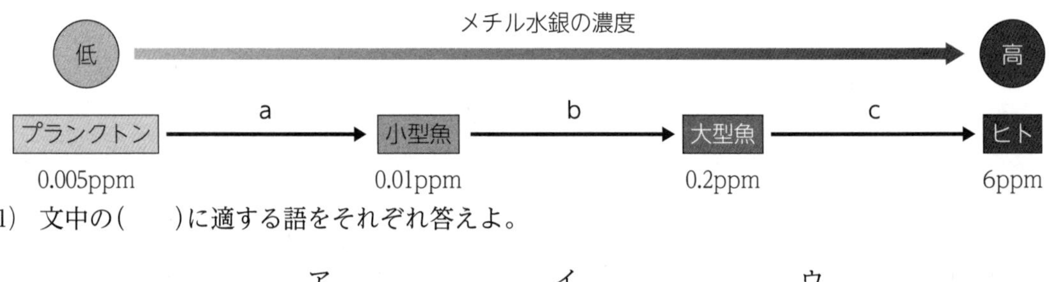

(1)　文中の(　　)に適する語をそれぞれ答えよ。

ア　　イ　　ウ

(2)　図中の a(プランクトンから小型魚)，b(小型魚から大型魚)，c(大型魚からヒト)のなかからメチル水銀の濃縮率が最も高いものを選び，記号で答えよ。

(3)　小型魚 1kg に含まれるメチル水銀の量は何 mg か答えよ。

mg

知識

98. 水質汚染 次の文章を読み，下の各問いに答えよ。

河川や海に汚濁物質が流れ込んでも，その量が少ないときには自然浄化によって水中の汚濁物質は減少し，元の状態に戻る。しかし，大量の汚濁物質が流入すると［ a ］の分解のために水中の［ b ］が大量に消費され，水生生物の大量死が起こることがある。また，海水域や淡水域に無機塩類が蓄積する(　ア　)が起こり，プランクトンの異常な増殖が起こると，海水域では(　イ　)が，淡水域では(　ウ　)が発生することもある。

(1) 下線部について，このように，生態系が元の状態に戻ろうとする働きを何と呼ぶか。

(2) 文中の空欄［ a ］，［ b ］に入る語をそれぞれ答えよ。

a　　　　b

(3) 文中の空欄(　ア　)～(　ウ　)に入る語の組み合わせとして最も適当なものを次の①～④のなかから選び，番号で答えよ。

① ア：富栄養化　イ：赤潮　ウ：アオコ　② ア：富栄養化　イ：アオコ　ウ：赤潮
③ ア：生物濃縮　イ：赤潮　ウ：アオコ　④ ア：生物濃縮　イ：アオコ　ウ：赤潮

知識

99. 人間活動と生物多様性 次の文章を読み，下の各問いに答えよ。

20 世紀以降，生物多様性が急激に減少している。a 生物多様性を減少させる要因はさまざまであるが，人間活動による地球環境の変化，外来生物の持ち込み，自然に対する働きかけの減少，開発による生息地の変化などが考えられている。生物多様性が失われると，人間の生活の質を向上させている b さまざまな自然の恩恵の低下を招くことがわかってきた。

(1) 下線部 a について，生物多様性の減少とその主な原因に関する説明として正しいものを，次の①～④のなかからすべて選び，番号で答えよ。

① 気候変動に伴う海水温の上昇によって，サンゴの白化現象がみられている。
② 外来生物の影響を受けて，トキは明治時代の中ごろに日本から野生絶滅してしまった。
③ 人間活動によって維持されてきた里山の雑木林や草地が失われることで，そこに生息していたオオクワガタやギフチョウなどが減少している。
④ 日本ではダムの建設に伴い生息域が分断され，オオクチバスなどの個体数が減少している。

(2) 下線部 b について，人間が生態系から受ける恩恵を何というか。

(3) (2)には，A：基盤サービス，B：調節サービス，C：供給サービス，D：文化的サービスがある。これらに該当するものを次の①～⑧のなかからそれぞれ 2 つずつ選び，番号で答えよ。

① ダイビングの場の提供　② 薬の成分の供給　③ 洪水の抑制　④ 酸素の供給
⑤ 水や食料，木材の供給　⑥ 森林浴の場の提供　⑦ 土壌の形成　⑧ 水質浄化

A　　　　B　　　　C　　　　D

↓解説動画

標準例題 8　食物連鎖

➡ 問題 103

生物多様性を保全するうえでは，生態系内での生物どうしの関わり合いを理解することが重要である。たとえば，カエルやトンボのように，幼生・幼虫の時期と成体・成虫の時期で異なる生育環境を必要とする生物や，食物網の上位に位置する生物は，多様な生態系が存在している環境ほど生息しやすい。

ある場所では，生産者，一次消費者，二次消費者，三次消費者となるA～Jの 10 種の生物によって食物網が成立していた。これらの種において捕食—被食の関係を調べたところ，右の表のようであった。次の各問いに答えよ。

食う	食われる
A	B，C
D	A，F
E	A，F
F	G，H
I	F
J	D，E，I

(1)　A～Jのそれぞれの種は，生産者，一次消費者，二次消費者，三次消費者のいずれに該当するか答えよ。ただし，各解答欄における解答の順序は問わない。

生産者＿＿＿＿＿＿　一次消費者＿＿＿＿＿＿

二次消費者＿＿＿＿＿＿　三次消費者＿＿＿＿＿＿

(2)　それぞれの種における捕食—被食の関係を矢印で表現した場合，この食物網において一次消費者と二次消費者の間で成立する矢印の本数を答えよ。

＿＿＿＿＿＿

Assist　A～Jの生物の捕食—被食の関係をまとめたものの一部を右の図に示す。図中の空欄にC～Jの記号と，捕食—被食の関係を示す矢印を記入せよ。なお，矢印は，食われる側から食う側に向かって引くものとする。

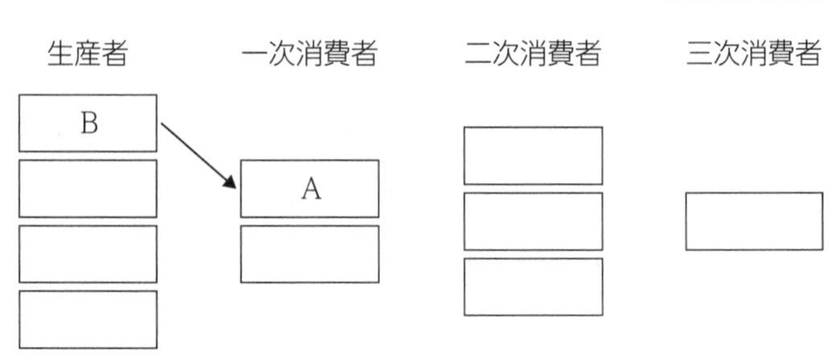

（20　東京農工大　改題）

解説　(1)表において，B・C・G・Hは他の生物を捕食していないため，生産者とわかる。生産者であるB・C・G・Hを食べる生物が一次消費者であるため，A・Fが一次消費者とわかる。よって，A・Fを食べるD・E・Iが二次消費者であり，D・E・Iを食べるJが三次消費者であるとわかる。
(2)捕食—被食の関係を図にまとめると，右のようになる。この図から，一次消費者と二次消費者の間の矢印は５本とわかる。

解答　(1)生産者…B，C，G，H　一次消費者…A，F　二次消費者…D，E，I　三次消費者…J　(2)５本　Assist　下図

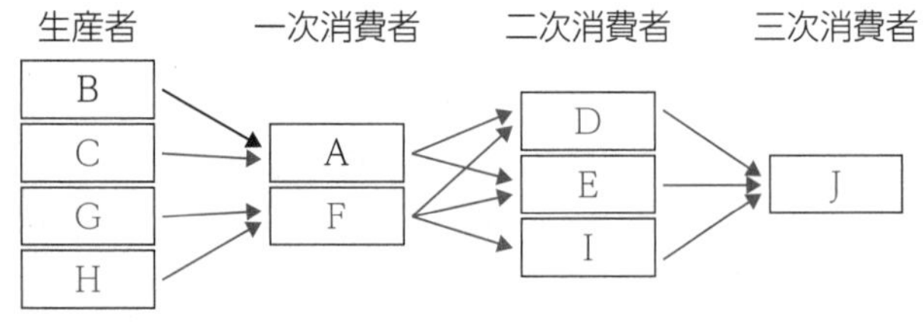

標準問題

知識

100. 自然浄化 河川や海洋に少量の有機物が流入すると，多量の水による希釈，生物による分解などによって有機物の量が減少する。このような作用を自然浄化という。この作用により，生態系内の物質濃度は一定の範囲内に保たれている。

自然浄化能力を超えた多量の有機物が流入すると，有機物の分解により酸素の大量消費が起こり，酸欠状態となる。その結果，有機物が水中に蓄積し，水質汚染，生物の大量死などが引き起こされる。

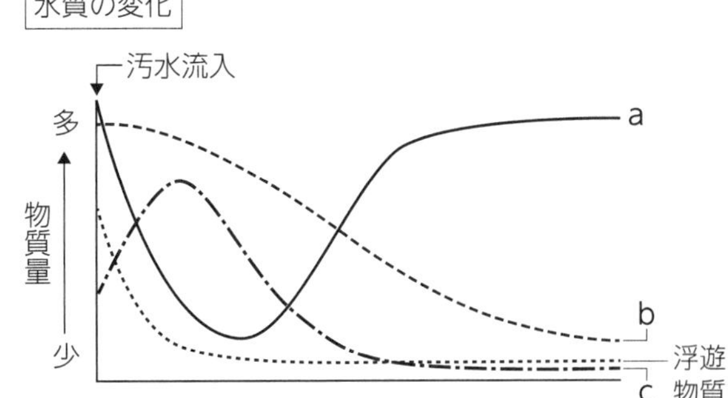

河川や湖に多量の窒素やリンなどを含む［ア］が流入したときには［イ］が引き起こされ，プランクトンの異常繁殖を誘発し，海域では赤潮が，湖沼などではアオコが発生する。発生したプランクトンの死骸の分解に多量の酸素が消費されるため，水中の酸素が不足し，大量の有機物の流入同様，生物の大量死を引き起こすことがある。このようなことが頻繁に起こると生態系を壊しかねないため，近年は下水処理場で浄化した水を河川へ流している。

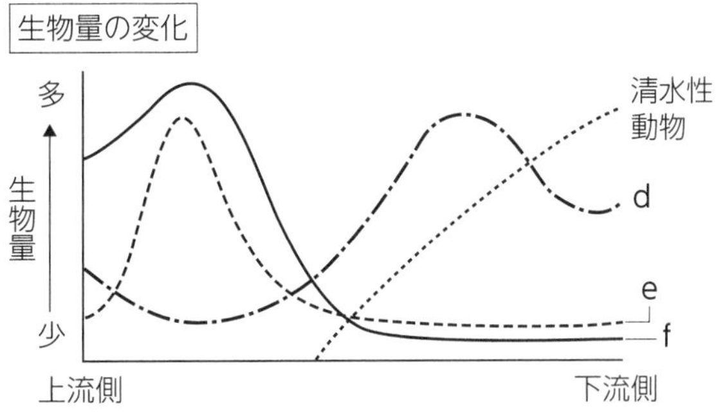

(1) 文中の空欄［　］に入る語として最も適当なものを次の①～⑥のなかからそれぞれ選び，番号で答えよ。

① 栄養塩類　② フィードバック　③ 富栄養化
④ 貧栄養化　⑤ 生物濃縮　⑥ バラスト水

ア＿＿ イ＿＿

(2) 図中のa～cに対応する語として最も適当なものを次の①～③のなかからそれぞれ選び，番号で答えよ。

① 栄養塩類(NH_4^+)　② 酸素　③ BOD(生物学的酸素要求量)

a＿＿ b＿＿ c＿＿

(3) 図中のd～fに対応する語として最も適当なものを次の①～③のなかからそれぞれ選び，番号で答えよ。

① 藻類　② 細菌　③ イトミミズ

d＿＿ e＿＿ f＿＿

（20 玉川大 改題）

ヒント (3)藻類は，有機物の分解により生じる栄養塩類を用いて生活している。

知識 計算 論述

101. 生物濃縮 次の文章を読み，下の各問いに答えよ。

ある化学物質が生態系の各栄養段階の生物から検出された。この化学物質の存在量は，水 1L 中では 0.00005mg だが，重量 1kg 当たり，動物・植物プランクトンでは 0.04mg，イワシでは 0.23mg，ダツでは 2.07mg，ミサゴ(卵)では 13.8mg であった。

(1) 上の文章のように特定の化学物質が環境中より生物体内で高濃度になる現象を何というか。

(2) (1)の現象が生じやすい化学物質の性質を 2 つ答えよ。

(3) ミサゴ(卵) 1kg 当たりでの，この化学物質の存在量が 10mg 以下という基準を満たすためには，水 1L 中での存在量は何 mg 以下とすべきか。小数第 7 位以下を切り捨てて答えよ。

mg

(20 長岡技術科学大 改題)

ヒント (3)水からミサゴ(卵)への濃縮率は一定と考える。

知識

102. 生態系と生物の関わり 次の文章を読み，下の各問いに答えよ。

生態系における生物の多様さや種間関係の複雑さのことを，生物多様性という。人間社会は，これらの a 生態系や生物多様性の恩恵(生態系サービス)を受けている一方で，世界的にみると，人為的な要因によって生物多様性は減少し続けている。

自然界においては，「食う―食われる」の関係や撹乱による競争の緩和などによって，多様な種の共存が可能になると考えられている。たとえば，b アラスカ沿岸のラッコは，ウニを好んで食べる。そのため，ウニの個体数は一定の範囲に抑えられ，ウニの食物である大型のコンブが繁茂し，多様な魚類や甲殻類の生活の場が作り出されている。

(1) 下線部 a について，生態系サービスについて説明したものを次の①～③のなかからすべて選び，番号で答えよ。

① ある都市では農林水産業が盛んであり，さまざまな農産物や魚介類，木材資源などが生産されており，私たちの生活に利用されている。

② ある地域の海岸で，磯の生物観察会に参加して楽しんだ。

③ 斜面にある森林には，土砂の流出や雪崩などの被害を減らす機能がある。

(2) 下線部 b について，生態系のバランスを保つのに重要な役割を果たしている生物種は，何と呼ばれるか答えよ。

(20 石川県立大 改題)

ヒント (1)生態系サービスには，基盤サービス，調節サービス，供給サービス，文化的サービスの 4 種類がある。

思考

103. 生態系のバランス　次の文章を読み，下の各問いに答えよ。

生産者と消費者，あるいは消費者と消費者の間には，捕食(食う)と被食(食われる)の関係があり，これらの捕食と被食を通じたつながりを食物連鎖という。生態系では多くの生物が捕食と被食の関係で複雑に絡み合っているので，食物網と呼ばれている。複雑な食物網では，直接に捕食と被食の関係のない生物どうしでも影響しあっている。

生態系内で食物網の上位にあって他の生物の生活に大きな影響を与える生物種を，キーストーン種という。キーストーン種の具体例を次に示す。

例 1　アラスカの沿岸域では，ラッコがウニを捕食することで，ウニと捕食―被食の関係にあるジャイアントケルプ(コンブの一種)の繁茂が維持されており，繁茂したジャイアントケルプを利用する多様な魚類やその食物となる生物の豊かな海域が成立している。

例 2　フジツボとイガイではイガイの方が繁殖力が高く，通常は共存できない。しかし，ある海岸の岩場では，ヒトデがイガイを捕食することでフジツボの生育場所が確保され，結果的にフジツボとイガイが共存できている。

(1)　例 1 と例 2 において，キーストーン種に当たる生物をそれぞれ答えよ。

例 1 ＿＿＿＿　例 2 ＿＿＿＿

(2)　例 1 において，ウニは浅場から深場に生息しており，ラッコは浅場のウニを捕食しやすい。これをふまえて，ジャイアントケルプの生育状況として最も適当なものを，次の①～④のなかから選び，番号で答えよ。

①　浅場では繁茂し，深場では少ない。　②　深場では繁茂し，浅場では少ない。
③　浅場と深場の中間付近で最も繁茂する。　④　どの深さでも，同じ程度に繁茂する。

＿＿＿＿

(3)　例 2 の海岸の岩場の生物をさらに詳しく示すと，右の図のようになる，図中の線は，摂食・捕食の程度が大きいほど太くなっている。岩場の特定の生物を取り除くとどのような変化が起こると考えられるか。最も適当なものを次の①～⑤のなかから選び，番号で答えよ。

①　藻類を除くと，ヒトデが大きく減少する。
②　ヒザラガイとカサガイを除くと，藻類が増殖する。
③　イガイを除くと，巻貝が大きく増殖する。
④　巻貝を除くと，イガイが大きく増殖する。
⑤　カメノテを除くと，カサガイが増殖する。

＿＿＿＿

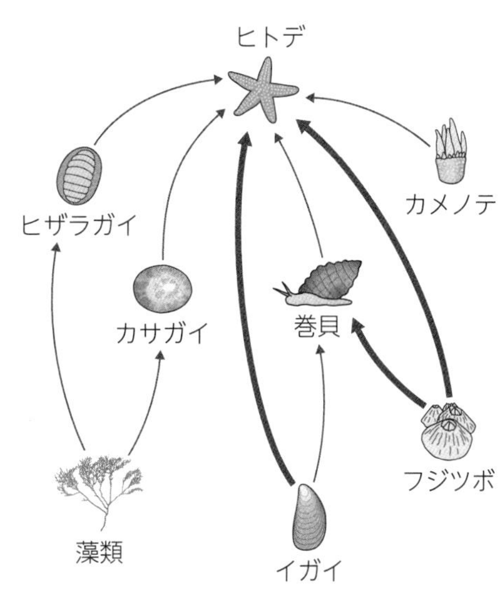

(21　中村学園大　改題)

ヒント　(2)ウニが多く生息するところでは，ジャイアントケルプが繁茂できない。
(3)ヒトデは，ヒザラガイやカサガイが除かれても，別の種を捕食して生活できる。

特集 大学入学共通テスト対策

思考

104. サンゴの細胞 ミドリさんとアキラさんは，サンゴの白化現象について資料を見ながら議論した。

ミドリ：サンゴの白化現象が起こるのは，サンゴの個体であるポリプ(図 1)の細胞内に共生している褐虫藻が，高温ストレスなどの原因でサンゴの細胞からいなくなるからなんだって。サンゴの色は，褐虫藻に由来しているんだね。

アキラ：えっ，褐虫藻は，単細胞生物だよね。

ミドリ：そのとおり。褐虫藻が共生しているサンゴの胃壁細胞の図(図 2)を見つけたんだけど，褐虫藻には核も葉緑体もあるみたいだし，そもそも宿主のサンゴの細胞と大きさがあまり変わらないようだよ。

アキラ：つまり，褐虫藻が共生しているサンゴの細胞は，[ア]ということだね。

ミドリ：そのとおりだね。ところで，褐虫藻が細胞からいなくなるとサンゴが死んでしまうのは，なぜなのかな。

アキラ：あっ，褐虫藻が共生したサンゴは，食物だけではなく，光合成でできた有機物も利用しているんだって。

ミドリ：へえ。つまり，サンゴは[イ]ということでよいのかな。

アキラ：そういうことだね。シャコガイやゾウリムシのなかまにも，藻類を共生させて，光合成でできた有機物を利用しているものがいるみたいだよ。

ミドリ：へえ，そうなんだ。生物って本当に多様なんだね。

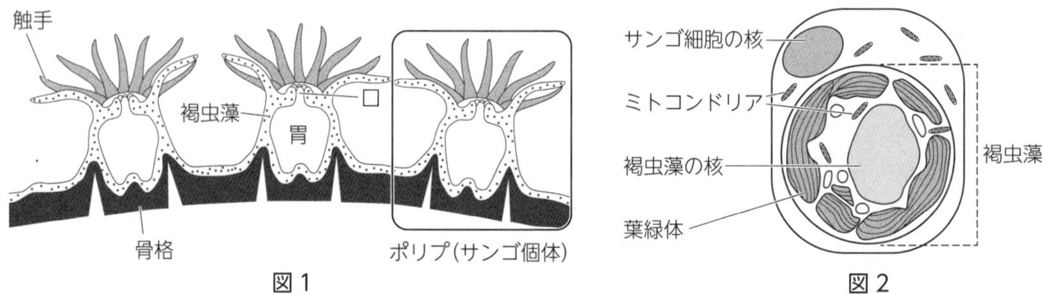

図 1　　図 2

(1) 下線部に関連して，褐虫藻とサンゴの細胞の大きさは，図 2 のように大きな違いはない。これらの細胞と同じくらいの大きさのものとして最も適当なものを，次の①～⑥のなかから選べ。

① インフルエンザウイルス　② 酵母(酵母菌)
③ カエルの卵　④ 大腸菌
⑤ T_2 ファージ　⑥ ヒトの座骨神経

(2) 会話文中の[ア]に入る記述として最も適当なものを，次の①～⑤のなかから選べ。

① 真核細胞を細胞内に取り込んだ植物細胞
② 原核細胞を細胞内に取り込んだ植物細胞
③ 真核細胞を細胞内に取り込んだ動物細胞
④ 原核細胞を細胞内に取り込んだ動物細胞
⑤ 葉緑体を取り込んで，植物細胞に進化しつつある動物細胞

(3) 会話文中の［ イ ］に入る文として最も適当なものを，次の①～⑥のなかから選べ。

① 同化をする能力を全くもたないので，共生している褐虫藻が同化した有機物のみを利用している

② 異化をする能力を全くもたないので，共生している褐虫藻が異化した有機物のみを利用している

③ 食物からも有機物を得ているが，これだけでは不足しており，共生している褐虫藻が同化した有機物もあわせて利用している

④ 食物からも有機物を得ているが，これだけでは不足しており，共生している褐虫藻が異化した有機物もあわせて利用している

⑤ 褐虫藻から取り込んだ葉緑体を用いて同化を行い，有機物を得て利用している

⑥ 褐虫藻から取り込んだ葉緑体を用いて異化を行い，有機物を得て利用している ＿＿＿

（21 共通テスト第2日程）

知識

105. DNAとゲノム aDNAは遺伝子の本体であり，真核生物では染色体を構成している。近年，DNAや遺伝子に関わる学問や技術は飛躍的に進歩し，さまざまな生物種でbゲノムが解読された。しかしながら，ゲノムの解読は，その生物の成り立ちを完全に解明したことを意味しない。たとえば，c多細胞生物の個体を構成する細胞にはさまざまな種類があり，これらは異なる性質や働きをもつ。

(1) 下線部aに関連して，DNAや染色体の構造に関する記述として最も適当なものを，次の①～⑤のなかから選べ。

① DNAのなかで，隣接するヌクレオチドどうしは，糖と糖の間で結合している。

② DNAのなかで，隣接するヌクレオチドどうしは，リン酸とリン酸の間で結合している。

③ 二重らせん構造を形成しているDNAでは，2本のヌクレオチド鎖の塩基配列は互いに同じである。

④ 染色体は，間期には糸状に伸びて核全体に分散しているが，体細胞分裂の分裂期には凝縮される。

⑤ 体細胞分裂の間期では，凝縮した染色体が複製される。 ＿＿＿

(2) 下線部bについて，次のア～エのうち，ゲノムに含まれる情報を過不足なく含むものを，下の①～⑧のなかから選べ。

ア 遺伝子の領域のすべての情報　　イ 遺伝子の領域の一部の情報

ウ 遺伝子以外の領域のすべての情報　　エ 遺伝子以外の領域の一部の情報

① ア　② イ　③ ウ　④ エ

⑤ ア，ウ　⑥ ア，エ　⑦ イ，ウ　⑧ イ，エ ＿＿＿

(3) 下線部cについて，このことの一般的な理由として最も適当なものを，次の①～⑤のなかから選べ。

① DNAの量が異なる。　② 働いている遺伝子の種類が異なる。

③ ゲノムが大きく異なる。　④ 細胞分裂時に複製される染色体が異なる。

⑤ ミトコンドリアには，核とは異なるDNAがある。 ＿＿＿

（21 共通テスト第2日程）

特集 大学入学共通テスト対策

思考

106. 生物の共通性と多様性　父が高校生のときに使ったらしい生物の授業用プリント類が，押入れから出てきた。「懐かしいなぁ。カビやバイ菌って，原核生物だったっけ。」と，プリントを見ながら，父が不確かなことを言い出した。私は，一抹の不安を抱きながら何枚かのプリントを見てみたところ，そこには……。

(1) 下線部に関連して，原核生物でない生物として最も適当なものを，次の①～④のなかから選べ。

① 酵母菌(酵母)
② 肺炎双球菌(肺炎球菌)
③ 大腸菌
④ 乳酸菌

(2) 図1は，提出されなかった宿題プリントのようである。そのプリント内の解答欄a～dの書き込みのうち，間違っているのは何箇所か。最も適当なものを，次の①～⑤のなかから選べ。

① 0　② 1　③ 2
④ 3　⑤ 4

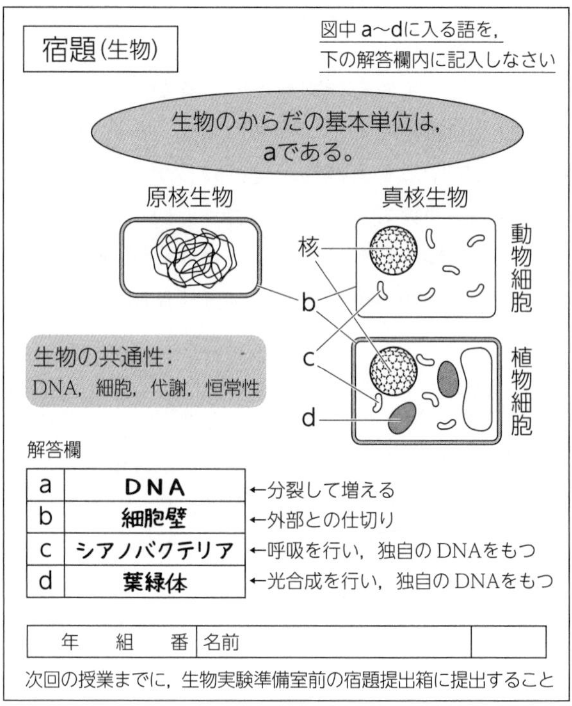

図1 宿題プリント

(3) 授業用プリントの一部に，図2のようなATP合成に関連したパズルがあった。図2のⅠ～Ⅲに，下のピース①～⑥のいずれかを当てはめると，光合成あるいは呼吸の反応についての模式図が完成するとのことだ。Ⅰ～Ⅲそれぞれに当てはまるピースとして最も適当なものを，次の①～⑥のなかからそれぞれ選べ。

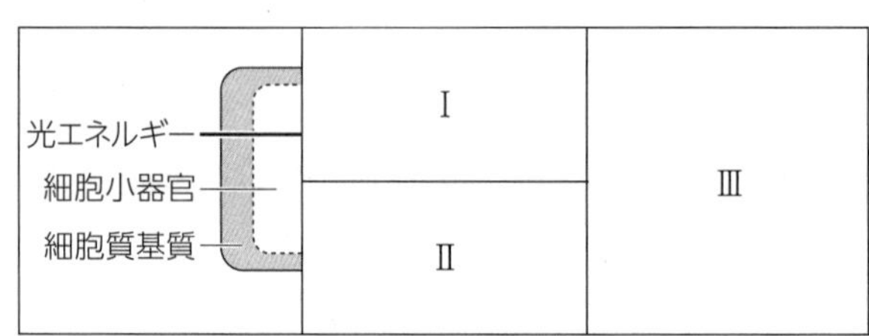

図2 ATP合成(真核細胞)

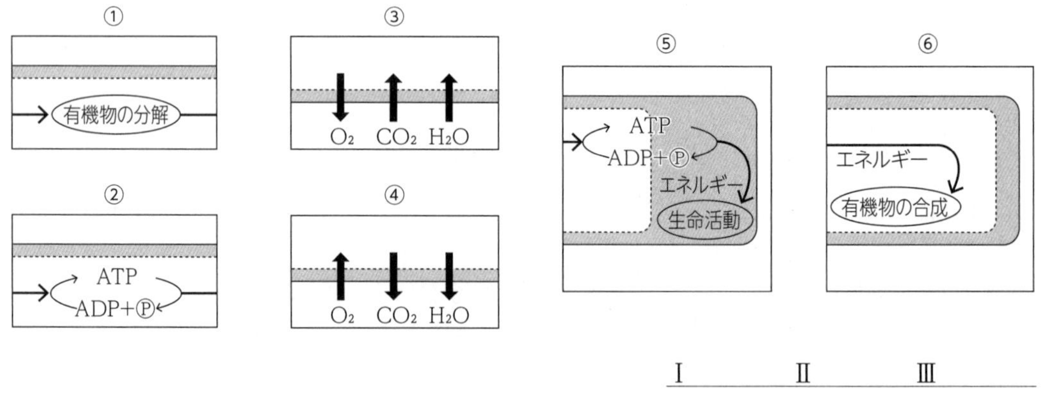

Ⅰ　　Ⅱ　　Ⅲ

(21 共通テスト第1日程 改題)

思考 実験 観察

107. 遺伝情報の発現 DNA の遺伝情報にもとづいてタンパク質を合成する過程は，aDNAの遺伝情報をもとに mRNA を合成する転写と，b 合成した mRNA をもとにタンパク質を合成する翻訳との 2 つからなる。

(1) 下線部 a に関連して，転写においては，遺伝情報を含む DNA が必要である。それ以外に必要な物質の組み合わせとして最も適当なものを，次の①～④のなかから選べ。

① DNA のヌクレオチドと DNA を合成する酵素
② DNA のヌクレオチドと mRNA を合成する酵素
③ RNA のヌクレオチドと DNA を合成する酵素
④ RNA のヌクレオチドと mRNA を合成する酵素

(2) 下線部 b に関連して，翻訳では，mRNA の 3 つの塩基の並びから 1 つのアミノ酸が指定される。この塩基の並びが「○○ C」の場合，計算上，最大何種類のアミノ酸を指定することができるか。その数値として最も適当なものを，次①～⑨のなかから選べ。ただし，○は mRNA の塩基のいずれかを，C はシトシンを示す。

① 4　② 8　③ 9　④ 12　⑤ 16
⑥ 20　⑦ 25　⑧ 27　⑨ 64

(3) 下線部 b に関連して，転写と翻訳の過程を試験管内で再現できる実験キットが市販されている。この実験キットでは，まず，タンパク質 G の遺伝情報をもつ DNA から転写を行う。次に，転写を行った溶液に，翻訳に必要な物質を加えて反応させ，タンパク質 G を合成する。タンパク質 G は，紫外線を照射すると緑色の光を発する。mRNA をもとに翻訳が起こるかを検証するため，この実験キットを用いて，次の図のような実験を計画した。図中の ア ～ ウ に入る語の組み合わせとして最も適当なものを，下の①～⑥のなかから選べ。

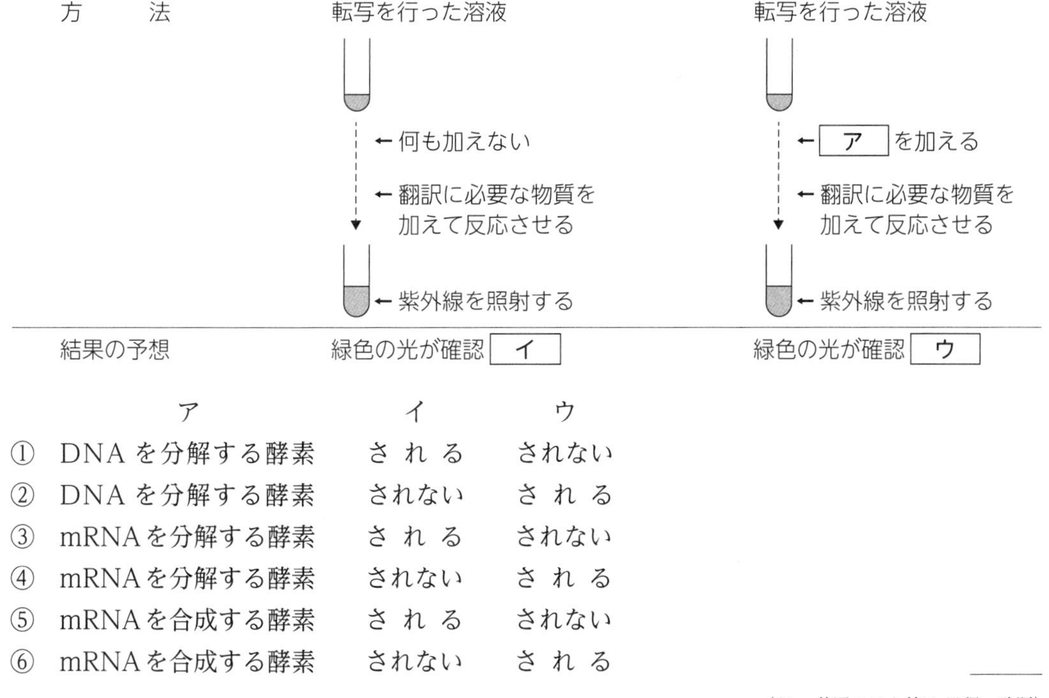

	ア	イ	ウ
①	DNA を分解する酵素	される	されない
②	DNA を分解する酵素	されない	される
③	mRNA を分解する酵素	される	されない
④	mRNA を分解する酵素	されない	される
⑤	mRNA を合成する酵素	される	されない
⑥	mRNA を合成する酵素	されない	される

(21 共通テスト第 1 日程 改題)

特集 大学入学共通テスト対策

思考

108. 血糖濃度の調節　血糖濃度の調節に関する次の文章を読み，下の各問いに答えよ。

血糖濃度がある範囲内に保たれなくなると健康が害されることがある。たとえば，ヒトの場合，すい臓から分泌されるインスリンがうまく働かなくなると，血糖濃度の高い状態が続く糖尿病になることがある。糖尿病は，インスリンを分泌する細胞が若年時に破壊される1型糖尿病と，長年の生活習慣などによるからだの変化により，インスリンの分泌量が低下したり，インスリンの応答性が悪くなったりする2型糖尿病の2つに分けられる。

ある種の2型糖尿病ではインスリンに応答しにくくなり，インスリンが通常よりも多量に分泌されることが知られている。正常なマウスと，ヒトの1型糖尿病と同じような病態を示すマウス(1型糖尿病マウス)，ヒトの2型糖尿病と同じような病態を示すマウス(2型糖尿病マウス)の合計3種類のマウスの腹部に，10% グルコース溶液を注射し，その後，30分ごとに採血し，血糖濃度を測定した。その結果を図1Aに示す。別の日に，同じマウスを使って，体重当たり同じ量のインスリンを腹部に注射し，同様に30分ごとに採血し，血糖濃度を測定した。その相対値を図1Bに示す。なお，グルコースやインスリンを注射した時間を0分とする。

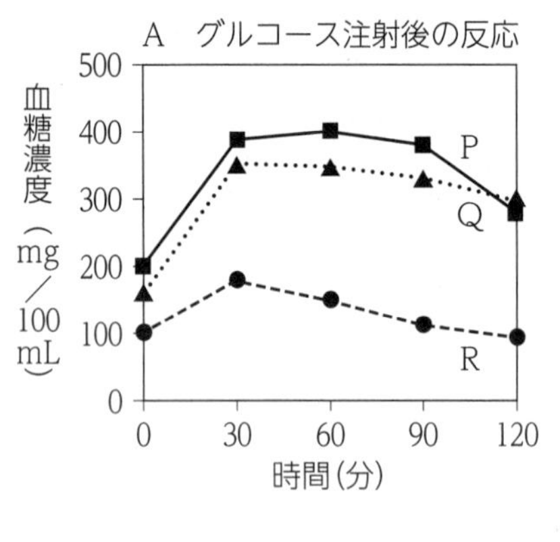

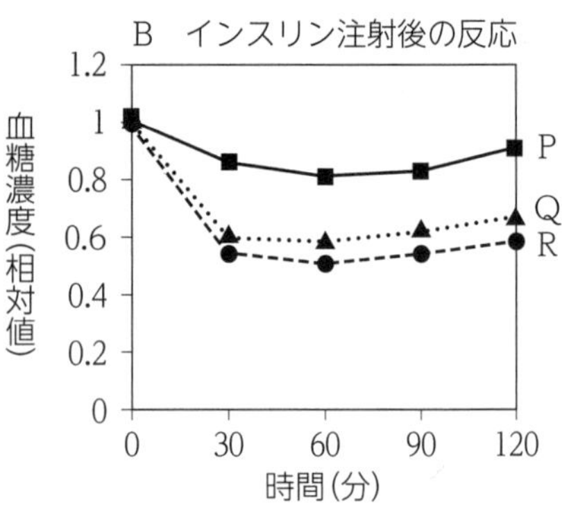

図1

(1)　図1の実験結果P，Q，Rは，それぞれどのマウスの結果であると考えられるか。最も適当なものを次の①～③のなかからそれぞれ選べ。

①　正常なマウス　　②　1型糖尿病マウス　　③　2型糖尿病マウス

P　　　Q　　　R

(2)　同じ3種類のマウス(P，Q，R)の腹部に10% グルコース溶液を注射し，その後30分ごとに採血し，血中インスリン濃度を測定した結果を図2に示す。P，Q，Rのマウスの測定結果として，最も適当なグラフはどれか。次の①～③のなかからそれぞれ選べ。

①　グラフ1
②　グラフ2
③　グラフ3

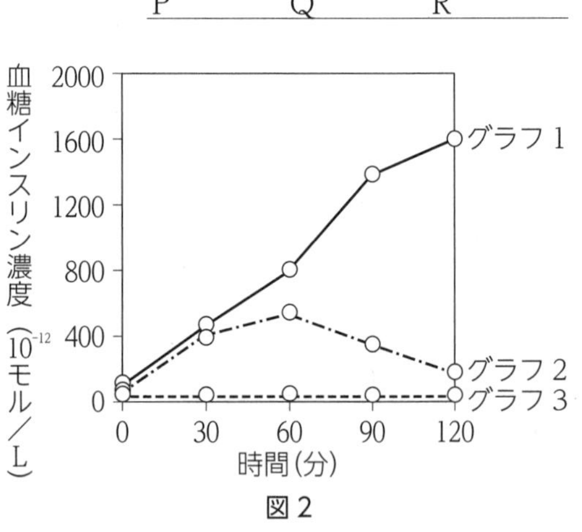

図2

(17　東京理科大　改題)

思考

109. 免疫 ヒトの体内に侵入した病原体は，a 自然免疫の細胞と獲得免疫(適応免疫)の細胞が協調して働くことによって，排除される。自然免疫には，b 食作用を起こすしくみもあり，獲得免疫には，c 一度感染した病原体の情報を記憶するしくみもある。

(1) 下線部 a に関連して，右の図はウイルスがはじめて体内に侵入してから排除されるまでの，ウイルスの量と 2 種類の細胞の働きの強さの変化を表している。ウイルス感染細胞を直接攻撃する図中の細胞ア，イとして最も適当なものを，次の①～④のなかからそれぞれ選べ。

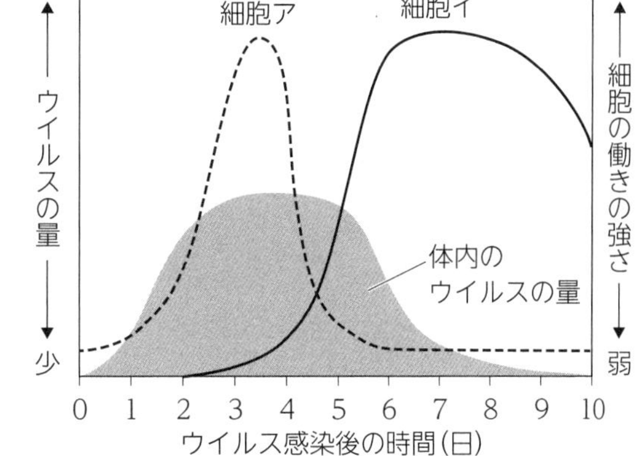

① ナチュラルキラー細胞
② ヘルパー T 細胞
③ マクロファージ
④ キラー T 細胞

細胞ア ＿＿＿＿

細胞イ ＿＿＿＿

(2) 下線部 b に関連して，次のウ～オのうち，食作用をもつ白血球を過不足なく含むものを，下の①～⑦のなかから選べ。

ウ 好中球　　エ 樹状細胞　　オ リンパ球

① ウ　　② エ　　③ オ　　④ ウ，エ

⑤ ウ，オ　　⑥ エ，オ　　⑦ ウ，エ，オ

＿＿＿＿

(3) 下線部 c に関連して，以前に抗原を注射されたことがないマウスを用いて，抗原を注射した後，その抗原に対応する抗体の血液中の濃度を調べる実験を行った。1 回目に抗原 A を，2 回目に抗原 A と抗原 B とを注射したときの，各抗原に対する抗体の濃度の変化を表した図として最も適当なものを，次の①～④のなかから選べ。

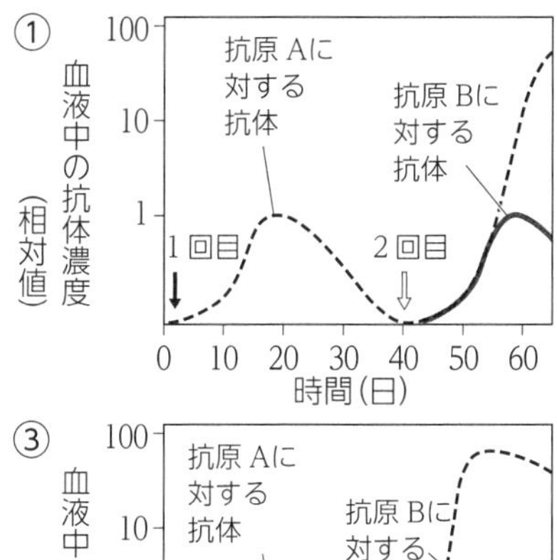

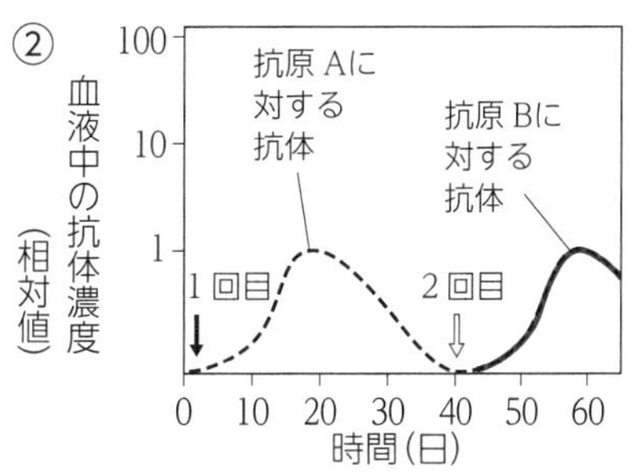

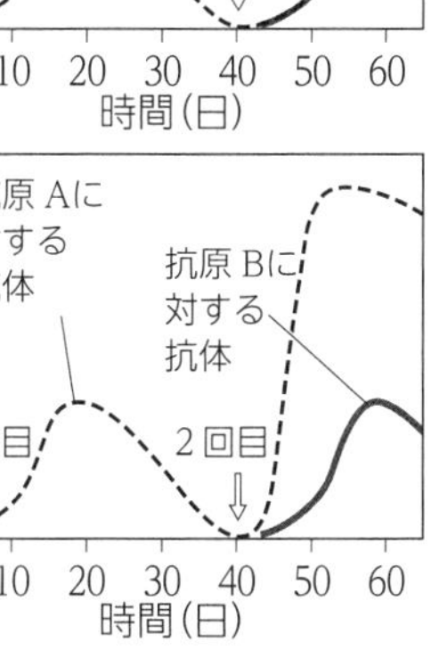

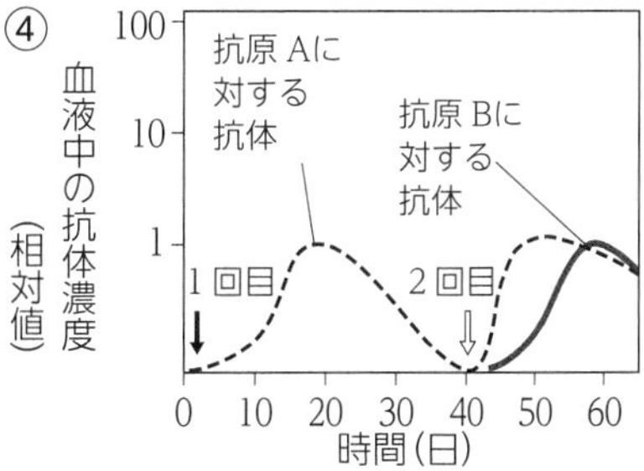

＿＿＿＿

(21　共通テスト第 1 日程　改題)

思考

110. バイオーム 図1は，世界の気候とバイオームを示す図中に，日本の4都市(青森，仙台，東京，大阪)と，2つの気象観測点XとYが占める位置を書き入れたものである。図中のQとRは，それぞれの矢印が指す位置の気候に相当するバイオームの名称である。

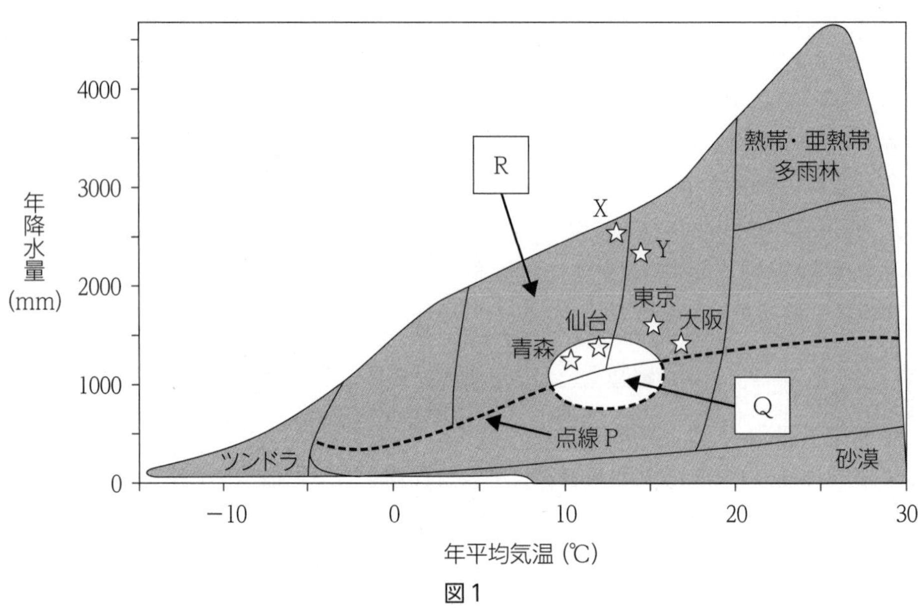

図1

(1) 図1の点線Pに関する記述として最も適当なものを，次の①～⑤のなかから選べ。

① 点線Pより上側では，森林が発達しやすい。
② 点線Pより上側では，雨季と乾季がある。
③ 点線Pより上側では，常緑樹が優占しやすい。
④ 点線Pより下側では，樹木は生育できない。
⑤ 点線Pより下側では，サボテンやコケのなかましか生育できない。

(2) 図1に示した気象観測点XとYは，同じ地域の異なる標高にあり，それぞれの気候から想定される典型的なバイオームが存在する。次の文章は，今後，地球温暖化が進行した場合の，気象観測点XまたはYの周辺で生じるバイオームの変化についての予測である。文章中の［ア］～［ウ］に入る語の組み合わせとして最も適当なものを，下の①～⑧のなかから選べ。

地球温暖化が進行したときの降水量の変化が小さければ，気象観測点［ア］の周辺において，［イ］を主体とするバイオームから，［ウ］を主体とするバイオームに変化すると考えられる。

	ア	イ	ウ		ア	イ	ウ
①	X	常緑針葉樹	落葉広葉樹	②	X	落葉広葉樹	常緑広葉樹
③	X	落葉広葉樹	常緑針葉樹	④	X	常緑広葉樹	落葉広葉樹
⑤	Y	常緑針葉樹	落葉広葉樹	⑥	Y	落葉広葉樹	常緑広葉樹
⑦	Y	落葉広葉樹	常緑針葉樹	⑧	Y	常緑広葉樹	落葉広葉樹

(3) 青森と仙台は，図1ではバイオームQの分布域に入っているものの，実際にはバイオームRが成立しており，日本ではバイオームQはみられない。このバイオームQの特徴を調べるために，青森，仙台，およびバイオームQが分布するローマとロサンゼルスについて，それぞれの夏(6～8月)と冬(12月～2月)の降水量(降雪量を含む)と平均気温を比較した図2と図3を作成した。図1，図2，および図3をもとに，バイオームQの特徴をまとめた下の文章中の[エ]～[カ]に入る語の組み合わせとして最も適当なものを，下の①～⑧のなかから選べ。

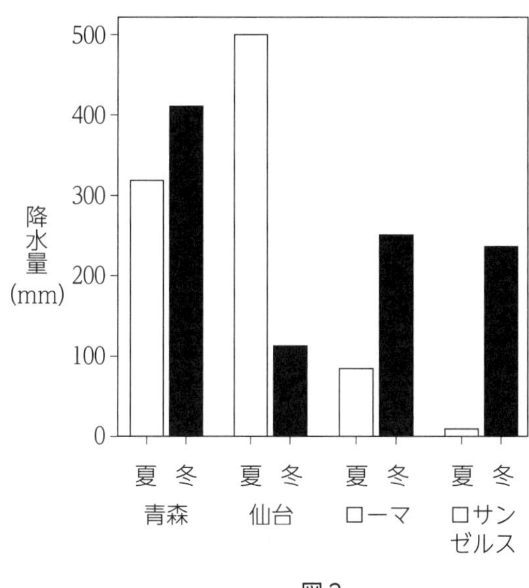

図2

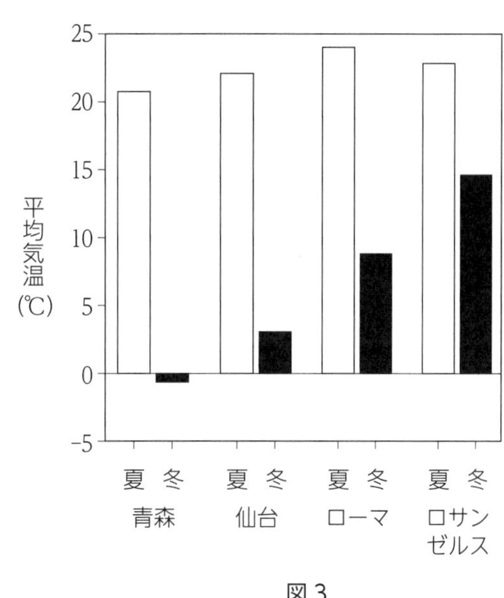

図3

バイオームQは[エ]であり，オリーブやゲッケイジュなどの樹木が優占する。このバイオームの分布域では，夏に降水量が[オ]ことが特徴である。また，冬は比較的気温が高いため，[カ]ことも気候的な特徴である。

	エ	オ	カ
①	雨緑樹林	多い	降雪がほぼみられず湿潤である
②	雨緑樹林	多い	降雨が蒸発しやすく乾燥する
③	雨緑樹林	少ない	降雪がほぼみられず湿潤である
④	雨緑樹林	少ない	降雨が蒸発しやすく乾燥する
⑤	硬葉樹林	多い	降雪がほぼみられず湿潤である
⑥	硬葉樹林	多い	降雨が蒸発しやすく乾燥する
⑦	硬葉樹林	少ない	降雪がほぼみられず湿潤である
⑧	硬葉樹林	少ない	降雨が蒸発しやすく乾燥する

(21　共通テスト第1日程)

思考

111. 外来生物の影響 外来生物は，在来種を捕食したり，食物や生息場所を奪ったりすることで，在来種の個体数を減少させ，絶滅させることもある。そのため，外来生物は生態系を乱し，生物多様性に大きな影響を与える。

(1) 下線部に関連する記述として最も適当なものを，次の①～⑤のなかから選べ。

① 捕食性の生物であり，それ以外の生物を含まない。

② 国外から移入された生物であり，同一国内の他地域から移入された生物を含まない。

③ 移入先の生態系に大きな影響を及ぼす生物であり，移入先の在来種に影響しない生物を含まない。

④ 人間の活動によって移入された生物であり，自然現象に伴って移動した生物を含まない。

⑤ 移入先に天敵がいない生物であり，移入先に天敵がいるため増殖が抑えられている生物を含まない。

(2) 次の図は，在来魚であるコイ・フナ類，モツゴ類，およびタナゴ類が生息するある沼に，肉食性(動物食性)の外来魚であるオオクチバスが移入される前と，その後の魚類の生物量(重量)の変化を調査した結果である。この結果に関する記述として適当なものを，下の①～⑥のなかから2つ選べ。

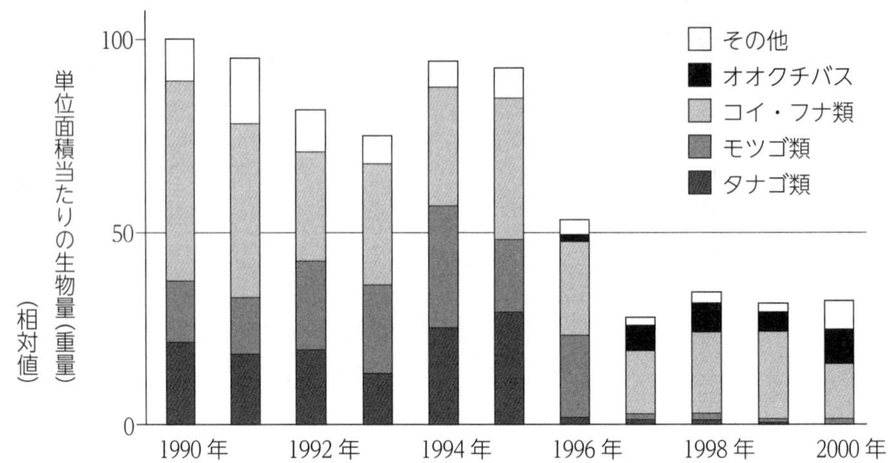

① オオクチバスの移入後，魚類全体の生物量(重量)は，2000年には移入前の3分の2にまで減少した。

② オオクチバスの移入後の生物量(重量)の変化は，在来魚の種類によって異なった。

③ オオクチバスは，移入後に一次消費者になった。

④ オオクチバスの移入後に，魚類全体の生物量(重量)が減少したが，在来魚の生物多様性は増加した。

⑤ オオクチバスの生物量(重量)は，在来魚の生物量(重量)の減少がすべて捕食によるとしても，その減少量ほどにはふえなかった。

⑥ オオクチバスの移入後，沼の生態系の栄養段階の数は減少した。

(21 共通テスト第2日程)

新課程版　標準セミナーノート生物基礎

2022年１月10日　初版　第１刷発行
2024年１月10日　初版　第３刷発行

編　者　第一学習社編集部
発行者　松本　洋介
発行所　株式会社 第一学習社

広島：広島市西区横川新町７番14号　〒733-8521　☎082-234-6800
東京：東京都文京区本駒込５丁目16番７号　〒113-0021　☎03-5834-2530
大阪：吹田市広芝町８番24号　〒564-0052　☎06-6380-1391

札　幌☎011-811-1848　仙台☎022-271-5313　新　潟☎025-290-6077
つくば☎029-853-1080　横浜☎045-953-6191　名古屋☎052-769-1339
神　戸☎078-937-0255　広島☎082-222-8565　福　岡☎092-771-1651

訂正情報配信サイト　47298-03
利用に際しては，一般に，通信料が発生します。

https://dg-w.jp/f/7c635

47298-03　■落丁，乱丁本はおとりかえいたします。

ISBN978-4-8040-4729-4

ホームページ
https://www.daiichi-g.co.jp/
表紙写真：Top Photo／アフロ

Plusノート②

まとめを補足する学習事項を掲載しています。

さまざまな植物の果実と散布様式

重力散布 大型で，親木の近くに落下しやすい

動物散布 動物の体毛に付着して運ばれやすい

イタドリの果実

風散布 軽くて，風で運ばれやすい

伊豆大島における溶岩の噴出年代と遷移の進行

- 裸地
- 荒原
- 陽樹の低木林
- 陽樹と陰樹の混交林（落葉・常緑混交林）
- 陰樹林（常緑広葉樹林）
- 人工林・耕作地

東京

伊豆大島

火口

0 1 2 3 4 (km)

植生	溶岩噴出年代
荒原	約 10 年前
陽樹の低木林	約 180 年前
陽樹と陰樹の混交林	約 1270 年前
陰樹林	推定約 4000 年前

噴出した溶岩に覆われた場所は裸地になる。
噴出年代が古い地点ほど遷移が進んでいる。

世界のバイオームの分布

森林
- 熱帯多雨林・亜熱帯多雨林
- 雨緑樹林
- 照葉樹林
- 硬葉樹林
- 夏緑樹林
- 針葉樹林

草原
- サバンナ
- ステップ

荒原
- 砂漠
- ツンドラ・高山植生

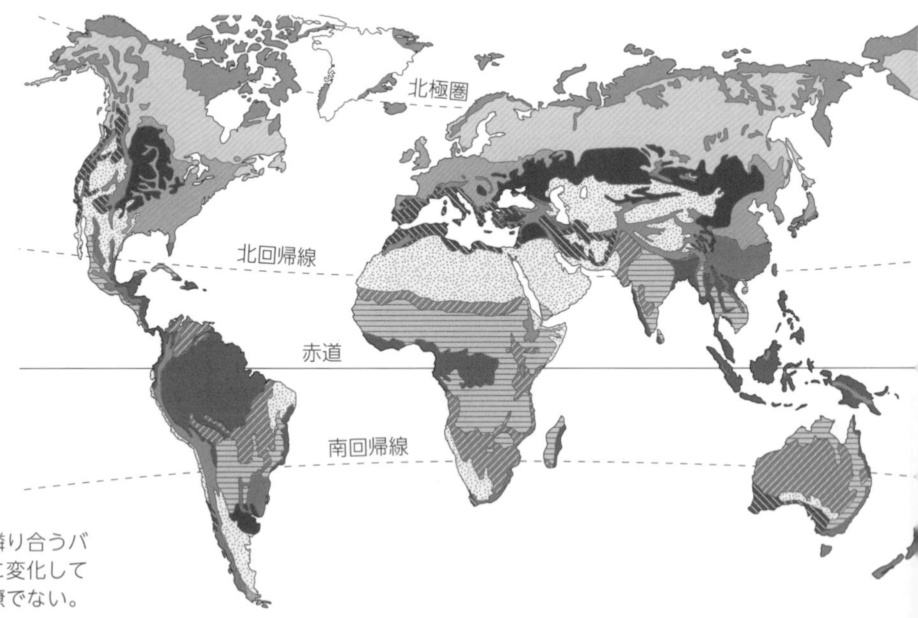

あるバイオームから隣り合うバイオームへは緩やかに変化しており，その境界は明瞭でない。